Muhammad Ramzan Khan

Evolução molecular da síndrome do cálice inflado ICS em Withania

Muhammad Ramzan Khan

Evolução molecular da síndrome do cálice inflado ICS em Withania

ScienciaScripts

Imprint
Any brand names and product names mentioned in this book are subject to trademark, brand or patent protection and are trademarks or registered trademarks of their respective holders. The use of brand names, product names, common names, trade names, product descriptions etc. even without a particular marking in this work is in no way to be construed to mean that such names may be regarded as unrestricted in respect of trademark and brand protection legislation and could thus be used by anyone.

Cover image: www.ingimage.com

This book is a translation from the original published under ISBN 978-3-659-82946-8.

Publisher:
Sciencia Scripts
is a trademark of
Dodo Books Indian Ocean Ltd. and OmniScriptum S.R.L publishing group

120 High Road, East Finchley, London, N2 9ED, United Kingdom
Str. Armeneasca 28/1, office 1, Chisinau MD-2012, Republic of Moldova, Europe
Managing Directors: Ieva Konstantinova, Victoria Ursu
info@omniscriptum.com

Printed at: see last page
ISBN: 978-620-8-62823-9

Índice:

Este trabalho foi realizado em
Max-Planck-Institut für Züchtungsforschung em Colónia
no Departamento de Pflanzengenetik Molekulare angefertigt

Um colar feito de bagas de Withania
A W. somnifera tem uma longa história como planta medicinal. Na tradição ayurvédica, é conhecida como ashwaganda (Horse power) ou ginseng e tónico ayurvédico e é utilizada para uma grande variedade de doenças. As suas folhas e bagas foram encontradas em múmias egípcias. (Fonte: Museu Botânico de Berlim)

Capítulo 1

1 Introdução

1.1 A base molecular das inovações morfológicas

Compreender a complexidade e a diversidade da vida continua a ser um dos maiores desafios da biologia (Theissen et al., 2000; Vergara-Silva, 2003; Carroll, 2005; Theissen, 2006). O aparecimento de novidades evolutivas, por exemplo, novas partes de plantas como folhas, flores e sementes, é de particular relevância. Uma das grandes inovações evolutivas, a flor verdadeira, manifesta ocasionalmente variabilidade na arquitetura, como alterações na simetria, sépalas e pétalas fundidas e sépalas semelhantes a folhas, para citar apenas algumas. Estas inovações oferecem aos organismos perspectivas de exploração de novos nichos ecológicos, o que pode levar a uma melhor radiação adaptativa (revisto em: Mondragon-Palomono e Theissen, 2008). Por conseguinte, é imperativo delinear os mecanismos subjacentes às novidades morfológicas para dissecar a diversidade biológica. Normalmente, as novas alterações morfológicas na evolução surgem por alterações nos processos de desenvolvimento, que, por sua vez, são causadas por alterações nos genes de controlo do desenvolvimento. No entanto, a relação entre a evolução dos genes e as estruturas morfológicas permanece mal compreendida. Muitos dos genes de controlo do desenvolvimento são membros de famílias multigénicas e codificam factores de transcrição que desempenham papéis críticos em nós chave de redes de genes, regulando processos celulares. As alterações no número, expressão e interação dos genes de controlo do desenvolvimento contribuíram muito provavelmente para a evolução da forma das plantas (Theissen et al., 2000).

1.2 Duplicação e diversificação de genes

Pensa-se que os genes duplicados e a sua diversificação fornecem a matéria-prima para a evolução das novidades morfológicas (Force et al., 1999; Carroll et al., 2001; True e Carroll, 2002; He et al., 2004; Harrison et al., 2005). Os genes de controlo do desenvolvimento, tal como outros genes, podem aumentar em número por eventos de duplicação de genes ou do genoma, que dão origem a paralogues. Estes paralogues mantêm a função ancestral logo após a duplicação. Mas durante a evolução, as mutações tornam uma das duas cópias não funcional porque não há pressão selectiva para manter ambas as cópias funcionais. A perda ou a não-funcionalização (pseudogenização) é, portanto, o destino final dos genes duplicados. No entanto, um grande número de genes duplicados escapa à sua extinção, principalmente devido à sub-funcionalização ou neo-funcionalização (Force et al., 1999; Prince e Pickett, 2002; revisto em: Mondragon-Palomono e Theissen, 2008). Um fluxograma que indica os possíveis eventos que contribuem para a duplicação de genes e os destinos esperados dos genes após a duplicação é apresentado no

Fig. 1.1. Atualmente, nas plantas, não existe, até agora, um único relatório sobre a seleção darwiniana positiva e a diversificação de proteínas após a duplicação em relação a novidades morfológicas.

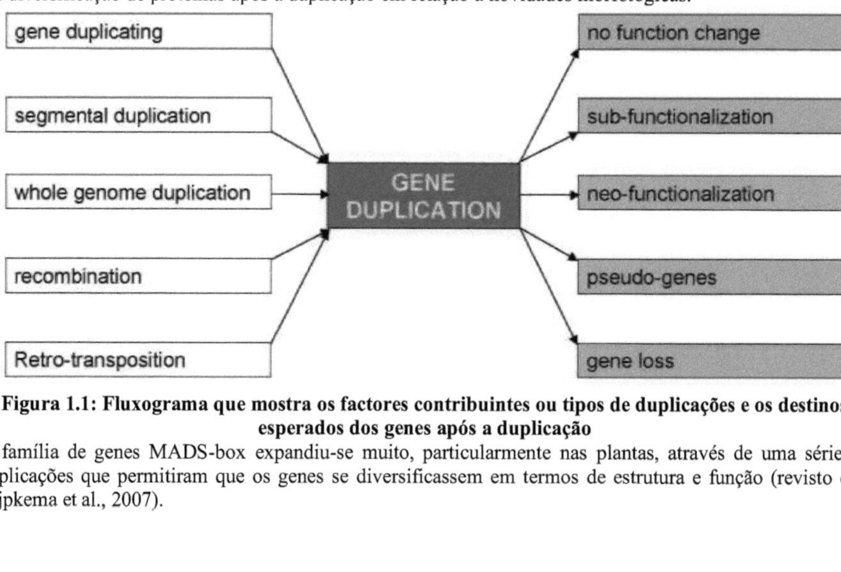

Figura 1.1: Fluxograma que mostra os factores contribuintes ou tipos de duplicações e os destinos esperados dos genes após a duplicação

A família de genes MADS-box expandiu-se muito, particularmente nas plantas, através de uma série de duplicações que permitiram que os genes se diversificassem em termos de estrutura e função (revisto em: Rijpkema et al., 2007).

1.3 Os factores de transcrição MADS-box

Uma família muito bem conhecida de genes de controlo do desenvolvimento é a família dos genes MADS-box. Os membros da família de genes MADS-box (Schwarz-Sommer et al., 1990) codificam factores de transcrição, que desempenham papéis fundamentais no controlo do desenvolvimento e na transdução de sinais numa vasta gama de organismos eucarióticos, incluindo leveduras, plantas e mamíferos. Os genes MADS-box controlam diversos processos de desenvolvimento em plantas com flores, desde a raiz até à flor e ao fruto (Shore e Sharrocks, 1995; Theissen et al., 1996; Riechmann e Meyerowitz, 1997; Theissen et al., 2000; Ng e Yanofsky, 2001; Theissen, 2001).

Na flor, alguns genes MADS-box actuam como genes de identidade de órgãos florais (Schwarz-Sommer et al., 1990; Yanofsky et al., 1990; Theissen et al., 2000). Para além das funções homeóticas florais, os genes MADS-box desempenham diversos papéis em redes de genes que levam a cabo o desenvolvimento reprodutivo em plantas com flor (Riechmann e Meyerowitz, 1997; Theissen e Saedler, 1999; Theissen et al., 2000, Ng e Yanofsky, 2001; Theissen, 2001). Alguns genes MADS-box actuam como genes da época de floração que, dependendo de factores internos ou ambientais, reprimem ou promovem a transição floral (Michaels e Amasino, 1999; Sheldon et al., 1999; Hartmann et al., 2000; Lee et al., 2000; Sheldon et al., 2000). Os genes da época de floração exercem a sua função influenciando os genes de identidade do meristema, que controlam a transição da inflorescência para os meristemas florais. Dentro dos meristemas florais, os limites das funções dos genes de identidade dos órgãos florais são estabelecidos por genes cadastrais, definindo assim as diferentes espirais florais (revisto em: Becker e Theissen, 2003).

Os genes MADS-box também estão envolvidos no desenvolvimento de sementes e frutos. Os produtos proteicos de alguns genes são necessários para o desenvolvimento adequado da zona de deiscência do fruto da Arabidopsis, enquanto outro é necessário para o padrão normal de divisão, expansão e diferenciação celular durante a morfogénese do silício (Gu et al., 1998; Liljegren et al., 2000; de Folter et al., 2006). Além disso, a expressão de uma série de genes MADS-box fora das flores e dos frutos, bem como um número crescente de plantas com flores mutantes e transgénicas, sugere que os membros desta família de genes também desempenham papéis reguladores durante o desenvolvimento vegetativo, como o desenvolvimento do embrião, da raiz ou da folha (Ma et al., 1991; Rounsley et al., 1995; Huang et al., 1995; Alvarez-Buylla et al., 2000a; Theissen et al., 2000; He e Saedler, 2005; Danilveskaya et al., 2008). Os genes MADS-box também são encontrados em plantas inferiores, como gimnospermas, samambaias e musgos, que não formam flores ou frutos. Isto demonstra ainda que estes genes são recrutados para outras funções que não o desenvolvimento de flores ou frutos (Tandre et al., 1995; Münster et al., 1997; Winter et al., 1999; Krogan e Ashton, 2000; Münster et al., 2002b; Henschel et al., 2002; Riese et al., 2004; Kwantes, resultados não publicados). Os membros do clado do gene *STMADS11* desempenham um papel no desenvolvimento vegetativo. Por exemplo, *SVP* é expresso em folhas e meristemas apicais de rebentos, enquanto *AGL24* é fortemente expresso em meristemas apicais e primórdios foliares. A expressão de *STMADS16* da batata é restrita às folhas, enquanto o seu ortólogo *MPF2* em Physalis também é expresso na flor (He e Saedler, 2005). Para além do desenvolvimento das folhas e das flores, os genes MADS-box estão também envolvidos em vias de fertilidade (He e Saedler, 2005).

A MADS-box representa um acrónimo dos quatro membros fundadores *MINI CHROMOSOME MAINTENANCE 1* (*MCM1*) na levedura, *AGAMOUS* (*AG*) na Arabidopsis, *DEFICIENS* (*DEF*) na Antirrhinum e Serum Response Fator (*SRF*) no homem (Schwarz-Sommer et al., 1990). Todos os genes MADS-box partilham uma sequência de nucleótidos altamente conservada com 180 pb de comprimento, a MADS-box, que codifica o domínio de ligação ao ADN dos factores de transcrição do domínio MADS (Shore e Sharrocks, 1995). Fora do domínio de ligação ao ADN, as proteínas são bastante diversas (Alvarez-Buylla et al., 2000b).

As proteínas do domínio MADS regulam a expressão de genes-alvo ligando-se a motivos CArG-box nas suas regiões promotoras (Egea-Cortines et al., 1999; Honma e Goto, 2001; Theissen e Saedler, 2001; revisto em: de Folter et al., 2006; Verelst et al., 2007). A maioria das proteínas com domínio MADS prefere a chamada caixa CArG do tipo Serum Response Element (SRE-) com uma sequência de consenso CC(A/T)6GG (Hayes et al., 1988; Riechmann et al., 1996).

Com base na sua semelhança de sequência dentro do domínio MADS, os genes eucarióticos não vegetais da caixa MADS foram subdivididos em dois grupos, o tipo Serum Response Fator (SRF) e o tipo Myocyte Enhancer Fator-2 (MEF2) com várias funções reguladoras (Theissen et al., 1996; revisto em: Theissen et al., 2000). Em contrapartida, a maioria das proteínas de domínio MADS de plantas descritas pertence ao tipo MIKC, que se caracteriza por uma organização estrutural conservada. A jusante do domínio MADS altamente conservado (M-), apresentam um domínio interveniente (I-), responsável pela especificação da dimerização (Fan et al., 1997), seguido de um domínio conservado semelhante à queratina (K-) que promove a dimerização da proteína (Riechmann e Meyerowitz , 1997; Kaufmann et al, 2005), e um domínio C-terminal (C-) que contribui para a ativação transcricional e a formação de complexos multiméricos (Egea-Cortines et al., 1999; Honma e Goto , 2001; Kaufmann et al., 2005). Algumas proteínas MIKC possuem uma extensão N-terminal adicional (Theissen et al., 1996).

Os restantes genes do domínio MADS das plantas são do tipo M e não possuem o domínio K específico das plantas. As suas funções são em grande parte desconhecidas. Alvarez-Buylla et al., (2000b) dividiram os genes da caixa MADS do tipo SRF, MEF2 e MIKC em dois grupos, tipo I e II, de acordo com uma análise filogenética da caixa MADS. De acordo com esta análise, o tipo I inclui genes do tipo SRF de animais e fungos, bem como um grupo de genes largamente não caracterizados, entre os quais todos os genes M- de plantas. O tipo II é constituído pelos genes do tipo MEF2 e pelos genes do tipo MIKC que são exclusivos das plantas. Parenicova et al., (2003) sugeriram uma subdivisão adicional de todos os genes MADS-box do tipo M das plantas em quatro grupos denominados Ma-M6, enquanto os genes do tipo M6 consistem exclusivamente em genes do tipo MIKC* (Kofuji et al., 2003). As análises filogenéticas revelaram que, devido a uma semelhança notável entre os genes MIKC^c ("clássico") e os genes do tipo MIKC*, estes últimos se enquadram no grupo de tipo II em vez de tipo I.

Os genes do tipo MIKC* diferem do tipo MIKC^c no comprimento do domínio I e na composição do domínio K (Henschel et al., 2002). As suas funções são largamente desconhecidas (Verelst et al., 2007). O único gene MIKC de domínio MADS que foi descrito para cada uma das três algas verdes Charophycean, representantes dos parentes vivos mais próximos das plantas terrestres (Karol et al., 2001), era do tipo clássico (Tanabe et al., 2005).

Theissen et al., (1996) subdividiram ainda os genes do tipo MIKC^c em vários clados de genes bem definidos, designados por "subfamílias de genes", a fim de disporem de um sistema rigoroso e inequívoco para a nomenclatura das subfamílias. Estas são sempre designadas pelo nome do primeiro membro do clado que foi identificado. Os membros das primeiras subfamílias identificadas e bem caracterizadas, como os genes *AG*, *DEF*, *GLO* e *SQUA-like*, partilham tipicamente padrões de expressão semelhantes e funções altamente relacionadas (Doyle, 1994; Purugganan et al., 1995; Theissen e Saedler, 1995; Theissen et al., 1996; Theissen et al., 2000). Existem 12 famílias de genes que incluem: Genes do tipo AG-; genes do tipo AGL2; genes do tipo AGL6; genes do tipo AGL12; genes do tipo AGL15; genes do tipo AGL17; genes do tipo DEF+GLO; genes do tipo FLC; genes do tipo GGM13; genes do tipo SQUA; genes do tipo STMADS11 e genes do tipo TM3.

O estabelecimento dos diferentes clados de genes, como mencionado anteriormente, por duplicação, diversificação e fixação de genes é importante para o estabelecimento das funções homeóticas florais e, portanto, das flores (Theissen et al., 1996; Theissen et al., 2000). A partir destas famílias de genes, é evidente que os factores de transcrição MADS-box estão envolvidos em diversos processos de desenvolvimento, como o desenvolvimento vegetativo e floral.

Os genes MADS-box do tipo MIKC^c mais bem caracterizados são aqueles que funcionam como genes de identidade de órgãos florais em angiospermas (Schwarz-Sommer et al., 1990; Weigel e Meyerowitz, 1994).

1.4 Os genes MADS-box e o desenvolvimento das flores

As eudicotiledóneas têm flores relativamente padronizadas que, normalmente, são compostas por quatro tipos de órgãos distintos que surgem em anéis concêntricos, designados por espirais dos órgãos. Os dois verticilos exteriores contêm órgãos estéreis que constituem o perianto. As sépalas surgem no primeiro verticilo e formam a cobertura exterior do botão em desenvolvimento. As sépalas protegem os botões florais em desenvolvimento contra efeitos bióticos e abióticos adversos, tais como danos causados por insectos e mudanças de temperatura. As pétalas surgem no segundo verticilo e são frequentemente grandes, coloridas e vistosas para atrair polinizadores. Nalgumas plantas com flor, os órgãos do primeiro e do segundo verticilo têm a mesma forma e são conhecidos como tépalas. Os dois verticilos internos são necessários para a reprodução. Os estames surgem no terceiro verticilo e produzem pólen, que se desenvolve nos gametófitos masculinos. Os carpelos, também conhecidos como pistilos, surgem no quarto verticilo central e produzem óvulos que contêm os gametófitos femininos, o saco embrionário. Muitas vezes, os carpelos estão unidos ou fundidos para formar o gineceu. Uma vez fertilizado, o gineceu desenvolve-se no fruto que contém as sementes, embora em algumas espécies os frutos se desenvolvam a partir de outras partes da flor, como o recetáculo.

Os genes que codificam os factores de transcrição MADS-box definem a identidade destes quatro tipos de órgãos (Schwarz-Sommer et al., 1990; Yanofsky et al., 1990; Theissen et al., 2000). Estes genes codificam factores de transcrição que activam ou reprimem genes alvo nos seus domínios de expressão distintos, definindo assim as espirais da flor das angiospérmicas. Mutações homeóticas florais, nas quais um tipo de órgão é substituído por outro tipo de órgão, foram descritas em várias espécies. Vale a pena mencionar que um passo mutacional pode mudar a identidade de órgãos em duas espirais adjacentes.

A análise genética de mutantes homeóticos florais em *Arabidopsis thaliana* e *Antirrhinum majus* em 1991 levou à formulação do modelo ABC para a especificação da identidade dos órgãos florais (Coen e Meyerowitz, 1991; Weigel e Meyerowitz, 1994).

1.5 O modelo ABCDE

De acordo com o modelo ABC, três funções genéticas reguladoras, ou seja, A, B e C, funcionam de forma combinatória para especificar a identidade dos órgãos em cada verticilo floral. Em Arabidopsis, a função A é especificada pelos genes de classe A *AP1* (*APETALA1*) e *AP2* (*APETALA2*), enquanto os genes de classe A e B *AP3* (*APETALA3*) e *PI* (*PISTILLATA*) especificam as pétalas no segundo verticilo. Os genes *DEF* (*DEFICIENS*) e G *LO* (*GLOBOSA*) são responsáveis pela função B em Antirrhinum. Os genes das classes B e C (*AGAMOUS*) definem os estames (órgãos reprodutores masculinos) no terceiro verticilo, e os genes da classe C especificam os carpelos (órgãos reprodutores femininos) no quarto verticilo de uma flor típica de Arabidopsis (Coen e Meyerowitz, 1991; Weigel e Meyerowitz, 1994; revisto em De Bodt et al., 2006). Os homólogos de *AGAMOUS* em Antirrhinum são *PLE* (*PLENA*) e *FAR* (*FARINELLI*). O modelo ABC é basicamente aplicável a todas as espécies amplamente estudadas, como a tulipa, a petúnia, a prímula, o arroz e o milho, embora os pormenores sejam diferentes (Angenent et al., 1992; Kanno et al., 2003; Webster e Gilmartin, 2003; Nagasawa et al., 2003). Estudos de redundância genética resultaram na identificação de genes da classe E e, em última análise, levaram à extensão do modelo ABC. Estes genes da classe E ou *SEPALLATA* (*SEP1, SEP2, SEP3, SEP4*) em Arabidopsis estão redundantemente envolvidos na especificação de todas as espirais florais como revelado pelos mutantes triplos e quádruplos em Arabidopsis (Ditta et al., 2004). Os ortólogos de *SEP* como *FBP2* e *FBP5* (*FLORAL BINDING PROTEIN 2* e *5-*) também se encontram noutras espécies de plantas como a petúnia (Vandenbussche et al., 2003b). Para além dos genes da classe ABCE, foram identificados em Arabidopsis genes da classe D (*SEEDSTICK* e *SHATTERPROOF 1* e *2*), importantes para o desenvolvimento dos óvulos (Theissen et al., 2001).

1.6 O modelo dos "Quartetos Florais

A maior parte dos genes de função ABC codificam factores de transcrição MADS-box. Estas proteínas formam dímeros (Troebner et al., 1992; Davies et al., 1996) e tetrâmeros de composição diferente para se ligarem aos seus motivos CArG (CC (A/T)6 GG) (Egea-Cortines et al., 1999; Honma e Goto, 2001). Esta descoberta de que as proteínas do domínio MADS podem associar-se em complexos de ordem superior para funcionar levou à formulação de um modelo designado por "quartetos florais" (Theissen e Saedler, 2001). Diferentes "Quartetos" estão envolvidos no estabelecimento da identidade dos órgãos florais (Fig. 1.2). De acordo com este modelo, a identidade dos diferentes órgãos florais (sépalas, pétalas, estames e carpelos) é determinada por quatro combinações de proteínas MADS-box homeóticas florais. Em cada verticilo, propõe-se que os dímeros de proteínas MADS florais se liguem a motivos CArG (CC (A/T)6 GG) no promotor dos seus genes-alvo. Estes sítios de ADN podem estar próximos ou a alguma distância ao longo do ADN. De acordo com o modelo, os tetrâmeros são formados através de interações proteína-proteína entre os dímeros das proteínas MADS. Todo este complexo está ligado a duas CArG-boxes no ADN. A Figura 1.2 mostra a composição prevista de

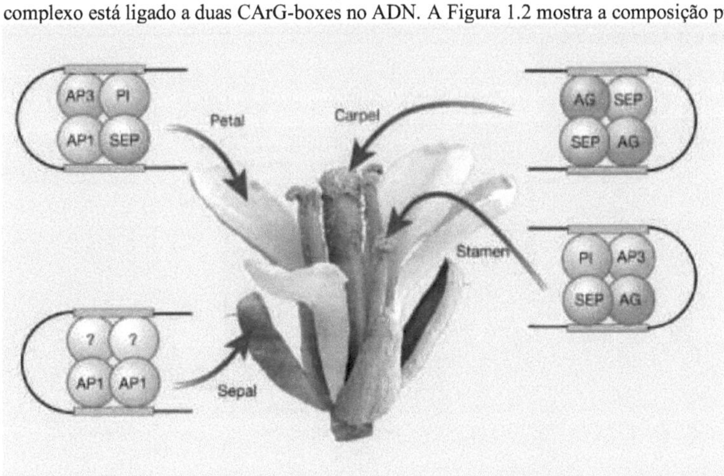

Figura 1.2: Estrutura da flor e o "modelo do quarteto" de especificação de órgãos florais em Arabidopsis. Os pontos de interrogação indicam componentes cuja identidade não é conhecida. (Adotado de

Theissen e Saedler, 2001)
tetrâmeros nos quatro verticilos. AP1 pode combinar-se com AP1 e outras duas proteínas desconhecidas (pode ser SEP) no verticilo 1 para especificar as sépalas. O complexo para a especificação das pétalas é AP1- SEP-AP3-PI, enquanto o quarteto AG-SEP-AP3-PI especifica os estames. Para os carpelos, o complexo AG- AG-SEP-SEP é proposto no verticilo 4. A base empírica do modelo do quarteto floral ainda é bastante fraca, pois não há evidências diretas de que os complexos multiméricos de proteínas homeóticas florais realmente existam e como a especificidade do gene alvo é alcançada por essas proteínas (Melzer et al., 2006).

Os genes MADS-box são essenciais para a identidade dos órgãos florais. As mutações nestes genes podem causar novidades estruturais na flor. É importante descrever com pormenores elaborados o significado potencial dos genes MADS-box na geração de novas morfologias florais.

1.7 Sobre a origem das novidades morfológicas florais

Como já foi referido, a origem das novidades morfológicas é há muito um desafio na biologia evolutiva. Vários mecanismos genéticos e de desenvolvimento dão origem a tais estruturas. Verifica-se que a expressão heterotópica de funções pré-existentes, mais do que a origem de novas funções, é responsável por esses traços em animais e plantas (Wang et al., 1999; Keys et al., 1999; Frary et al., 2000; Davies et al., 1999; Lee et al., 2003; Hileman et al., 2003; Kanno et al., 2003; He e Saedler, 2005). Para gerar as novas morfologias florais, considera-se que estão normalmente envolvidas alterações na *ação cis* (Doebley e Lukens, 1998) ou alterações nos reguladores transcricionais de transação.

Os genes MADS-box especificam a identidade dos órgãos florais. Outros factores de transcrição, como os TCPs, estão envolvidos na determinação da simetria da flor e, especialmente, na simetria das pétalas no verticilo 2 (Luo et al., 1996; Luo et al., 1999). A ideia sobre as novidades morfológicas florais veio de *Antirrhinum majus*, onde a simetria bilateral é mantida por *Cycloidea* e *Dichotoma*, que são factores de transcrição *TCP*. A mutação num ou em ambos os genes dá origem a flores semi-radiais e perfeitamente radiais (Fig. 1.3: 1, 2a, 2b). A flor radial também é gerada pela inativação *do CYC* (Fig. 1.3: 3a, 3b).

De acordo com o modelo, diferentes "quartetos" estão envolvidos na identidade dos órgãos florais. A síntese de novos "quartetos" num determinado verticilo deve levar a uma mudança na identidade dos órgãos nesse verticilo (revisto em: He et al., 2004). Por exemplo, se os genes de função B, como *DEF* e *GLO*, fossem expressos ectopicamente no primeiro verticilo, então as pétalas deveriam substituir as sépalas e, portanto, tais "mutantes" deveriam revelar dois verticilos de pétalas, como foi demonstrado para *Nicotiana tabacum* transgénica (Davies et al., 1996) (comparar Fig. 1.3: 4a e 4b). Pétalas em vez de sépalas já existem na natureza. Um exemplo são as tépalas em vez de sépalas e pétalas nas tulipas (Fig. 1.3: 5). A análise molecular revelou que esta estrutura é gerada devido à expressão ectópica da função B (Theissen et al., 2000; van Tunen et al., 1993; Kanno et al., 2003). Nas Rubiaceae encontram-se sépalas foliáceas e coloridas (tipo pétala) (Fig. 1.3: 6, 7, 8). Sépalas em forma de folha ou síndroma foliose-palatina (FSS), como a estrutura é frequentemente designada, foram isoladas como mutantes em várias espécies modelo. Estas incluem *Zea mays*, *Solanum lycopersicon* e *Arabidopsis thaliana*.

Figura 1. 3: Diversidade de novidades morfológicas florais em diferentes espécies. 1) Secção transversal de uma flor de *Antirrhinum. majus*. 2a) Flores de tipo selvagem de *A. majus*. 2b) Fenótipo de um duplo mutante cyc/dich com simetria radial. 3a) Flor zigomórfica de *Linaria vulgaris*. 3b) Mutação epigenética cyc de *L. vulgaris* resultando numa flor actinomórfica. 4a) Flor do tipo selvagem *de Nicotiana tabacum*. 4b) *N. tabacum* transgénica com sobreexpressão dos genes de função B de *A. majus*. 5) Flores de *Tulipa gesneriana.* 6) Flor de *Mussaenda frondosa.* 7) Folhas vermelhas *de M. erythrophylla* substituem as 5 sépalas. 8) *Warszewiczia coccinea* uma folha vermelha substitui uma sépala. 9a) Grãos numa espiga de *Zea. mays*. 9b) Grãos cobertos por glumas na mutação Tunicate. 10a) *Solanum lycopersicum.* 10b) O mutante lemads-mc apresenta sépalas semelhantes a folhas. 11) Flor e fruto de *S. tuberosum*. 12) Flores e frutos de *Physalis. floridana*. (Adotado de He et al., 2004)

A análise molecular da mutação Tunicate em *Zea mays* revelou que o gene MADS-box *ZMM19*, cuja expressão no tipo selvagem está confinada às folhas e às cascas, é agora expresso ectopicamente em todos os órgãos florais. A proteína *ZMM19* expressa ectopicamente parece promover o crescimento das glumas, que acabam por cobrir todo o grão (comparar Fig. 1.3: 9a e 9b). Embora as glumas não sejam necessariamente homólogas às sépalas, podem servir de modelo para o tipo de genes envolvidos no FSS das eudicotiledóneas superiores (revisto em: He et al., 2004). Essa suposição é corroborada pela observação de que a expressão ectópica *de ZMM19* em *A. thaliana* leva à formação de sépalas foliáceas. *ZMM19* é um membro do *clado STMADS11* (Garcia-Maroto et al., 2000; Münster et al., 2002a) de genes MADS-box e os genes pertencentes a este clado podem levar a um maior potencial de proliferação de tecidos vegetativos (Kim et al., 2002).

A mutação no gene *LeMADS-MC* afecta o tamanho da sépala em *Solanum lycopersicum* (comparar Fig. 1.3: 10a e 10b) (Vrebalov et al., 2002). Ao contrário do *ZMM19* de *Z. mays* descrito acima, *o LeMADS -MC* pertence à classe SQUA de genes MADS-box (Huijser et al., 1992). Estes resultados indicam que dois genes MADS-box diferentes podem gerar FSS, quer a expressão ectópica de um gene vegetativo *do tipo STMADS11*, quer uma mutação de knockout de um gene *do tipo SQUA* (Fig. 1.3: 10b). Mutações de knockout do gene *AP1* de *A. thaliana*, um ortólogo de *SQUA*, mostraram um fenótipo complexo, incluindo sépalas grandes ou foliáceas (Mandel et al., 1992). *AP1* é um repressor de *AGL24*, *SVP* e *SOC1*, que são genes *do tipo STMADS16* (Liu et al., 2007). Se sofrer mutação, a expressão vegetativa desses genes se estende ao desenvolvimento floral, gerando sépalas foliáceas. A expressão ectópica dos genes *STMADS16*, *MPF2*, *AGL24*, *SVP* e *ZMM19*, todos pertencentes à *clade STMADS11*, resulta em FSS em *A. thaliana* (He e Saedler, 2007) e Nicotiana (Garcia-Maroto, 2000).

Os estudos moleculares acima referidos indicam que as novas morfologias florais não só existem na natureza como também podem ser geradas por manipulações genéticas.

1.8 A síndrome do cálice inflado (ICS): uma novidade morfológica floral em Solanaceae

Entre as famílias de angiospermas, as Solanaceae são uma das mais importantes para os seres humanos. As espécies da família são utilizadas para fins alimentares, medicamentosos e ornamentais. É rica em diversidade de flores e frutos (Knapp, 2002; Knapp et al., 2004). A secção anterior salienta que a flor é um alvo atrativo para os estudos evolutivos de novas morfologias. O cálice floral das Solanáceas parece ser um parque de diversões para a evolução de novidades morfológicas. Existe uma enorme diversidade de cálices, desde pequenas sépalas fundidas, como em *Solanum tuberosum*, a pequenos anéis de sépalas, como em *Tubocapsicum anomalum*, a grandes cálices em forma de placa, como em *Atropa belladonna*, a sépalas em forma de folha, como em *Calibrachoa parviflora*, a longos cálices tubulares, como em *Brugmansia aurea* ou a cálices em forma de lanterna como em Physalis ou em espécies de Withania. O cálice da flor de Physalis retoma o crescimento após a polinização e o ICS resultante ou "lanterna chinesa", como a estrutura é frequentemente chamada, envolve a baga em desenvolvimento. A síndrome do cálice inflado (ICS) é caraterística de um grande número de espécies de vários géneros das Solanaceae (D'Arcy, 1991; He e Saedler, 2004). Entre estas, Physalis, Withania e Nicandra são as mais espectaculares. A função do cálice insuflado não é totalmente clara, mas em certas espécies como *Przewalskia tangutica* parece reduzir o peso específico e assim pode facilitar a dispersão dos frutos pelo vento (Knapp, 2002).

1.9 Withania

A Withania é um arbusto ou uma erva perene, com um caule ereto e muito ramificado. As folhas são solitárias ou emparelhadas, mas simples. O cálice frutífero torna-se alargado, envolvendo a baga, e fecha-se no ápice. O fruto é uma baga globosa e brilhante e as sementes são comprimidas. É um género com cerca de 11 espécies, seis (*W. qaraitica, W. riebeckii, W. adunensis, W. reichenbachii, W. sphaerocarpa, W. grisea*) endémicas na região do Corno de África, três (*W. adpressa, W. aristata, W. frutescens*) nas Ilhas Canárias, no Norte de África e em Espanha, uma (*W. coagulans*) no Sul da Ásia e uma (*W. somnifera*) espécie que se encontra disseminada nas zonas áridas dos trópicos e subtrópicos do Velho Mundo. *A W. somnifera* tem uma longa história como planta medicinal. Na tradição ayurvédica, é conhecida como ashwaganda (Horse power) ou ginseng e tónico ayurvédico e é utilizada para uma grande variedade de doenças. As suas folhas e bagas foram encontradas em múmias egípcias. *A W. somnifera* é também muito mais variável do que as outras espécies e sabe-se que inclui formas poliplóides.

1.10 Tubocapsicum

As plantas de *T. anomalum* são ervas erectas ou alastrantes com folhas inteiras, inflorescências pouco floridas com pequenas flores campanuladas e bagas vermelhas suculentas completamente expostas.

Tubocapsicum, um género de duas espécies asiáticas, estava anteriormente incluído no género Capsicum. O género Tubocapsicum é endémico da Ásia Oriental. Abrange uma espécie muito difundida, *T. anomalum*, e uma segunda espécie pouco conhecida, *T. obtusum*. O género prefere o clima húmido. Não é bem conhecido, uma vez que existe pouca informação publicada e existem poucos espécimes nos herbários ocidentais (D'Arcy et al., 2001).

1.11 A base molecular da ICS

Ele e Saedler (2005) fizeram o trabalho pioneiro sobre a base molecular da formação da ICS em Physalis. Num estudo elegante, eles demonstraram que um gene MADS-box *MPF2*, um ortólogo do *STMADS16* na batata, está envolvido na formação do ICS em *Physalis floridana*. Recentemente, Hu e Saedler (2007) construíram uma filogenia das Solanaceae com base nos dois marcadores de cloroplasto *matK* e *atpB* e nos dois marcadores nucleares *MPF1-like* e *MPF2-like*. Eles demonstraram que Withania e Tubocapsicum são irmãs uma da outra (Fig. 1.4).

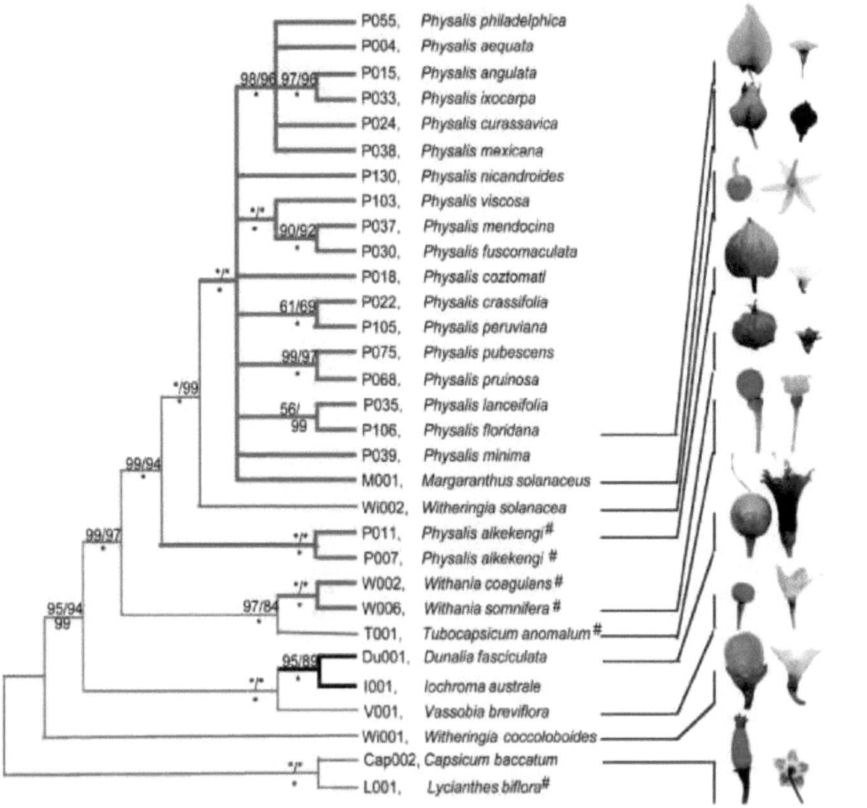

Figura 1.4: **Árvore filogenética de Physaleae.** É mostrada uma árvore de consenso estrito de Máxima Parcimónia com Capsicum e Lycianthes como grupos externos, baseada na concatenação das duas sequências de cloroplasto *atpB* e *matK* e das sequências de cDNA dos genes nucleares *MPF1-like* e *MPF2-like.* A flor e os frutos de algumas espécies de plantas também são mostrados. (Adotado de Hu e Saedler, 2007)

Este achado é muito interessante, pois Withania tem uma lanterna comparável em inflação à de Physalis, enquanto que Tubocapsicum, por outro lado, apresenta apenas um cálice rudimentar. Como é que estes dois géneros com morfologias tão diferentes no que diz respeito à formação do ICS, se tornam mais próximos um do outro, continua a ser uma questão desafiadora.

Anteriormente, foi demonstrado que a expressão de *MPF2* no cálice é um pré-requisito para a formação de ICS. No entanto, este não é o único componente envolvido, mas as duas hormonas vegetais citocininas e giberelinas também são essenciais (He et al., 2004; He e Saedler, 2005). Estas hormonas são induzidas em resposta à fertilização. Por isso, elas imitam os sinais de fertilização. A citocinina facilita o transporte de MPF2 para os núcleos das células do cálice, promovendo assim a divisão celular, resultando em células pequenas que, na presença de giberelina, aumentam de tamanho e, por fim, formam o ICS (He e Saedler, 2007). No entanto, esta não é a única função do MPF2. Plantas 35S::MPF2 RNAi knock-down nas quais o nível de RNA *de MPF2* foi reduzido para ca. 5% apresentaram folhas pequenas, nenhum ICS e eram macho-estéreis (He e Saedler, 2005). Isto sugere que MPF2 tem múltiplas funções: no desenvolvimento da folha e do cálice e na fertilidade masculina.

Sabe-se que MPF2 interage com outras proteínas MADS-box para formar hetero- ou mesmo oligómeros superiores (He et al., 2007). Estes podem controlar a divisão celular nas folhas ou no cálice, dependendo dos seus parceiros de interação. No entanto, MPF2 interage também com PFMAGO, um ortólogo de mago nashi de Drosophila conhecido por controlar a formação de progênie (Boswell et al., 1991; Newmark e Boswell, 1994), um papel que pode servir em Physalis também (He et al., 2007).

Recentemente, foi demonstrado que a expressão floral de genes *do tipo MPF2* na maioria das Physaleae e na maioria das Solanaceae testadas é plesiomórfica, sugerindo que as primeiras Solanaceae podem não apenas ter expressado genes *do tipo MPF2* em tecidos florais, mas, devido a isso, também podem ter apresentado ICS. Mais tarde, na evolução da família, parecem ter ocorrido perdas secundárias que geraram a diversidade atualmente observada (Hu e Saedler, 2007). Como sugerido anteriormente (He e Saedler, 2007), a síntese de ICS envolve muitas etapas, incluindo a expressão de proteínas semelhantes a MPF2 no cálice, a síntese de citocinina e giberelina no óvulo fertilizado e seu transporte para o verticilo externo do cálice. Em seguida, o MPF2 é modificado nesse tecido e transportado para o núcleo das células, a sua interação com moléculas parceiras adequadas provoca a divisão celular, o alongamento celular e, por fim, o ICS. Esta via pode ser interceptada ou modificada em muitos locais. Até agora, apenas três mutantes "evolutivos" (espécies sem ICS) foram encontrados bloqueando a expressão de genes *semelhantes ao MPF2* no tecido do cálice: *Solanum tuberosum* (He e Saedler, 2005), *Dunalia fasciculata* e *Iochroma australe* (Hu e Saedler, 2007).
Várias outras espécies ainda expressavam seu gene *MPF2-like* no tecido do cálice, mas não apresentavam ICS. Apenas no caso da *Witheringia coccoloboides* o defeito pôde ser colocado aproximadamente dentro da via. Em todos os outros casos testados, até agora o bloco permaneceu não atribuído.
Na maioria das espécies diplóides de Physaleae, *o MPF2-like* é um gene de cópia única (He e Saedler, 2005) e, portanto, devido à importância de suas funções, especialmente no desenvolvimento das folhas e na fertilidade masculina, a identificação de mutantes "evolutivos", ou seja, espécies deficientes em uma ou outra função, é altamente improvável. No entanto, as espécies poliplóides poderiam fornecer o material alternativo para isolar esses mutantes "evolutivos" com funções MPF2 separadas. Pelo menos três subtribos para as Physaleae foram sugeridas com base em reconstruções de árvores filogenéticas moleculares: Iochrominae, Physalinae e Withaninae. Esta última consiste em nove géneros, incluindo Withania e Tubocapsicum (Ohlmstead e Bohs, 2007). Enquanto as espécies de Withania apresentam ICS, *Tubocapsicum anomalum* não o faz. Esta última espécie tem apenas um pequeno anel discreto de cálice (Hu e Saedler, 2007).
Uma vez que a poliploidia é comum nas espécies de Withania e Tubocapsicum (Baquar, 1967; Bir e Neelam, 1980; Iqbal e Datta, 2007), estas plantas fornecem os melhores materiais adequados para estudar as funções separadas em termos de sub-funcionalização e/ou neofuncionalização de genes *do tipo MPF2* no âmbito da evolução da ICS.

1.12 Objectivos da tese

O principal objetivo da tese foi investigar a base molecular da novidade do ICS prevalecente em Withania. Outro grande objetivo do estudo foi contribuir para a compreensão da subfuncionalização e/ou neofuncionalização de genes *MPF2-like* em Withaninae e, assim, fornecer informações sobre a evolução do ICS. Para este fim, os genes *MPF2-like* foram isolados, analisados e a sua rede filogenética foi determinada. A divergência funcional foi verificada através da sobre-expressão dos genes *MPF2-like* em Arabidopsis, bem como através da descoberta dos seus parceiros de interação utilizando o sistema de levedura. Foi efectuada uma investigação adicional das funções reguladoras putativas do promotor e dos *cis-elementos* do primeiro intrão para revelar a regulação da expressão dos genes *MPF2-like.* Com base na análise filogenética e nos dados funcionais, a sub-funcionalização e/ou neo-funcionalização dos genes *MPF2-like* será discutida no âmbito da formação de ICS. Finalmente, os resultados serão inseridos num contexto evolutivo.

Capítulo 2

2 Materiais e métodos

2.1 Fontes de abastecimento de materiais disponíveis no mercado

Os produtos químicos utilizados na preparação de tampões, meios e soluções foram obtidos de Sigma-Aldrich (München), Clontech (Heidelberg), Biozym (Rockland, EUA), Invitrogen (Karlsruhe), Merck (Darmstadt), Promega (Heidelberg), Qiagen (Hilden), Roche (Mannheim), Roth (Karlsruhe), Serva (Heidelberg) e Duchefa (Haarlem, Países Baixos).

As enzimas foram adquiridas às empresas KMF Laborchemie Handels GmbH (Lohmar), New England Biolabs (Schwalmbach), Takara Bio Inc. (Otsu, Japão), Roche (Mannheim) e Invitrogen (Karlsruhe). Todas as reacções enzimáticas foram realizadas de acordo com os protocolos do fabricante. Para a clonagem e sequenciação normais, foi utilizado o vetor pGEM-T Easy da Promega (Mannheim).

O radioisótopo [a^{32}P]-dCTP (10 ^Ci/mol) foi obtido da Hartmann-Analytik (Braunschweig).

Os kits comerciais utilizados para os procedimentos de limpeza dos ácidos nucleicos, isolamento do ADN plasmídico e 5'RACE (amplificação rápida das extremidades do ADNc) foram obtidos junto da Qiagen (Hilden) e da Roche (Karlsruhe).

Os marcadores de peso molecular para a determinação do tamanho dos fragmentos de ácidos nucleicos em eletroforese em gel foram obtidos junto da Eurogentec Deutschland GmbH (Colónia), New England Biolabs (Frankfurt am Main) e Fermentas (Baden-Württemberg).

A Sigma-Genosys (Steinheim), a Invitrogen (Karlsruhe), a Operon (Colónia) e a Metabion International AG (Martinsried) sintetizaram os iniciadores de oligonucleótidos utilizados neste trabalho. Algumas das sequências de primers estão listadas na secção suplementar.

2.2 Meios, tampões e soluções

Todos os meios, tampões e soluções foram preparados de acordo com Sambrook e Russell (2001), exceto quando mencionado em contrário.

2.3 Softwares científicos e ferramentas em linha

Foram utilizados vários programas informáticos científicos e ferramentas em linha para analisar os dados, nomeadamente as sequências (Tabela 2.1). Os programas utilizados foram os seguintes MacVector™ 7.2.3 (Accelrys Inc.) gcg/Wisconsin Package University of Wisconsin); AssemblyLIGN™ (Oxford Molecular Group Plc.); Image Quant (Molecular Dynamics, Krefeld) e ImageJ http://rsb.info.nih.gov/nih-image).

Ferramenta	Aplicação	URL
Rebase	Enzimas de restrição	http://rebase.neb.com/rebase/rebase.html
NCBI (BLAST & PUBMED)	Base de dados para informações sobre sequências e literatura	http://www.ncbi.nlm.nih.gov/
SolGD	Rede Genómica das Solanáceas	www.sgn.cornell.edu/
NetPlantGene Servidor	Previsão de sítios de emenda	http://www.cbs.dtu.dk/services/NetPGene/ index.php
LOCAL	sequências *cis-reguladoras*	http://www.dna.affrc.go.jp/place/
MULAN	Alinhamento local de sequências múltiplas	http://mulan.dcode.org
TRANSFAC	sequências *cis-reguladoras*	http://www.gene-regulation.com/pub/databases.html
MultiTIF	Alinhamentos e determinação dos sítios de ligação dos factores de transcrição (TFB)	http://rvista.dcode.org/cgi-bin/mTTP.cgi

Quadro 2.1: Ferramentas em linha utilizadas para análises *in silico* de sequências de ácidos nucleicos e proteínas

2.4 Estirpes bacterianas e plasmídeos

A estirpe DH5a *de E. coli* foi utilizada por rotina para a clonagem normal e a criação de construções. Foram utilizadas outras estirpes bacterianas e plasmídeos de acordo com a natureza da experiência (Quadro 2.2).

Estirpe	Genótipo
E. coli DH5a	SupE44 AlacUl69 (80 lacZAM15) hsdR17 recAl EndAl gyrA96 thl-1 relAl
E. coli DH10B	F-mcrA D (mrr-hsdRMS-mcrBC) F80diacZDM15 DlacX74 endA1 recA1 D (ara, leu) 7697araDl39 galU galK nupG rpst TlR
E. coli DB3.1	F- gyrA462 endAl glnV44 A (srl-recA) mcrB mrr hsdS20(rB-, mB-) aral4
E. coli TOP10	galK2 lacYl proA2 rpsL20(Smr) xyl5 A leu mtll F- mcrA A (mrr-hsdRMS-mcrBC) <$80lacZAMl5 A lacX74 nupG recAl araDl39 A (ara-leu)7697 galEl5 galKl6 rpsL(StrR) endAl À-
A. tumefaciens LBA4404	pAL4404RS
A. tumefaciens GV3101	pMP90RK
A. tumefaciens GV3101	pMP90RG

Tabela 2.2: Genótipos das estirpes bacterianas

2.5 Isolamento de ácidos nucleicos

O ADN genómico das plantas foi isolado utilizando CTAB (Doyle e Doyle, 1987, 1990) e o kit DNeasy Plant Maxi (Qiagen). O ADN plasmídico foi isolado utilizando o kit de purificação Mini/Midi Plasmid DNA (Qiagen), de acordo com as especificações do fabricante. A limpeza da PCR e a extração em gel de agarose foram efectuadas com NucleoSpin®ExtractII (Macherey-Nagel).

A qualidade e a quantidade de ADN foram avaliadas por comparação da intensidade das bandas nos géis de agarose corados com brometo de etídio (EtBr) com um padrão de peso molecular de ADN (Fermentas). Além disso, tanto a qualidade como a quantidade de ADN foram medidas utilizando o espetrofotómetro Nano Drop™ 1000.

O ARN total das folhas, flores e inflorescências foi isolado utilizando o kit RNeasy Plant Mini da Qiagen e o kit Biomol (Biomol GmbH Hamburg). A concentração e a pureza do ARN isolado foram determinadas por um espetrofotómetro padrão (eppendorf BioPhotometer) e por um espetrofotómetro Nano Drop™ 1000.

2.6 Sequenciação e análise de sequências de ADN

Para todos os produtos de PCR, plasmídeos e construções, as sequências de ADN foram determinadas pelo Max-Planck-Institute for Plant Breeding Research (MPIZ) de Colónia, Alemanha, em sequenciadores de ADN da Applied Biosystems (Weiterstadt, Alemanha) Abi Prism 377, 3100 e 3730, utilizando a química BigDye-terminator v3.1. Os reagentes pré-misturados foram obtidos da Applied Biosystems. A análise de rotina das sequências foi efectuada com os programas MacVector™ 7.2.3 e Assemblylign™ 1.0.9. Foram efectuadas pesquisas de rotina em bases de dados utilizando o algoritmo BLAST (Altschul, 1997) no GenBank (http://www.ncbi.nlm.nih.gov) e SolGD, a base de dados de ESTs de Solanaceae (http://www.sgn.cornell.edu).

2.7 Condições padrão de PCR

A Taq Polymerase e a Taq DNA Polymerase (Ampliqon) fabricadas em laboratório foram utilizadas por rotina para a amplificação de pequenos fragmentos de ADN. Os fragmentos de ADN de grandes dimensões foram amplificados com LA Taq™ e PrimeSTAR™ HS (TAKARA BIO INC.), Expand High Fidelity, Expand Long Template PCR Systems (Roche) e Pfu Turbo Taq DNA Polymerase (Stratagene Europe, Amesterdão). As reacções de PCR padrão foram realizadas num volume de reação de 25-50 pl nas seguintes condições:

Mistura PCR:

Adicionar H20 a 50 µl

5 µl 10X PCR$_{\text{tampão}}$

5 unidades de Taq DNA polimerase

1 µl 10 mM dNTP mistura (dATP, dCTP, dGTP, dTTP)
0.5 µl 10 µM cartilha de sentido
0.5 µl 10 µM iniciador anti-sentido
20-50 ng de ADN genómico ou 1-2 ng de ADN plasmídico

Parâmetros de ciclismo:

95 °C 2 min
95 °C 15 seg
Ta 30 seg
68 °C 30-90 seg
68°C 7 min
12 °C ™

IJ

Ta (temperatura de recozimento dos primers) e "n" podem variar para reacções individuais.

2.8 Material vegetal

Foram amostrados um total de 13 acessos de Withania, incluindo 5 espécies (*W. aristata, W. frutescens, W. riebeckii, W. coagulans* e *W. somnifera*) e 2 acessos de *Tubocapsicum anomalum* e um acesso de cada *Iochroma australe* e *Vassobia breviflora* (ver Quadro 3.1 e 3.3). Todos os acessos foram cultivados em estufas do Max-Planck-Institute for Plant Breeding Research (MPIZ), Colónia. As plantas de Withania e Tubocapsicum foram cultivadas (na estufa) a 18-25°C com luz adicional durante o inverno. Para a floração, as plantas de Tubocapsicum foram cultivadas numa câmara climática a 22°C durante o dia e 16°C durante a noite, num regime de 16h de luz/8h de escuridão com humidade constante.
Para a produção de plantas transgénicas, *a Arabidopsis thaliana* ecótipo Columbia foi cultivada em condições normais. As sementes das linhas transgénicas *de A. thaliana* com sobre-expressão *35S:AGL24* foram gentilmente cedidas pelo Dr. Chaoying He (MPIZ, Colónia). As sementes foram recolhidas e armazenadas no banco de sementes do MPIZ. Para a expressão transiente, as plantas de *Nicotiana benthamiana* foram cultivadas em estufas no MPIZ, Colónia. As principais espécies de plantas utilizadas neste estudo incluíram: *Withania somnifera*, *Withania coagulans*, *Tubocapsicum anomalum*, e *Arabidopsis thaliana*. Para todos os acessos, foram colhidas folhas jovens e flores em diferentes fases de desenvolvimento, congeladas em azoto líquido e depois armazenadas a -80°C até à extração de ácidos nucleicos.

2.9 Comparação das morfologias dos cálices

Foram feitas observações visuais para descrever a morfologia do cálice, tais como a forma e a arquitetura do cálice nas Withaninae e nas Iochrominae estreitamente relacionadas. A inflação do cálice foi avaliada com base em medições diretas do comprimento e largura do cálice e na informação da literatura (D'Arcy, 1972; Zhang et al., 1994). Os comprimentos e larguras dos cálices floridos e frutíferos e dos frutos (10 para cada) foram medidos usando uma escala Vernier. Os dados foram analisados estatisticamente e foram determinadas a acresção e a inflação do cálice.

2.9.1 Experiências de ablação em Withania

Foram efectuadas diferentes experiências de ablação em *Withania somnifera*. A emasculação e a remoção do estigma/estilo foram efectuadas em diferentes fases do desenvolvimento da flor (botão jovem, flor jovem, flor madura, fruto jovem, fruto maduro e fruto velho) antes e depois da polinização. Os frutos em desenvolvimento foram retirados cuidadosamente após a polinização. Para permitir o acesso aos frutos em desenvolvimento, o cálice foi incisado longitudinalmente e parcialmente removido. Para além da emasculação e da ablação dos frutos, procedeu-se também à remoção dos cálices. Os cálices foram ablacionados em diferentes estádios de desenvolvimento (botão jovem, flor jovem, flor madura, fruto jovem, fruto maduro e fruto velho). Em cada fase, foram abatidos pelo menos 5 a 10 exemplares. As fotografias foram tiradas com uma câmara digital Nikon. O comprimento e a largura dos cálices e dos frutos foram medidos no momento da ablação, bem como após 20 dias de maturação.

2.9.2 Tratamentos hormonais

Após a emasculação, foram testados os efeitos de diferentes soluções hormonais, tais como 6-benzilaminopurina (6-BAP), 2-isopenteniladenina (2-IP), zeatina, ácido giberélico-3 (GA3) e ácido indol-3-acético (IAA) no crescimento do cálice. A água serviu como tratamento de simulação. Uma concentração de 10-^M foi aplicada com cotonetes esterilizados nos cálices dos botões florais (dos quais os estilos e o estigma tinham sido removidos) ou nas flores antes da polinização. O tratamento hormonal foi aplicado continuamente durante 7 dias. Nalguns casos, foi aplicado um único tratamento hormonal nos cálices. Após 20 dias, o comprimento e a largura dos cálices (5-10 para cada tratamento) foram medidos e os dados foram analisados.

As fotografias foram tiradas com uma câmara digital Nikon.

2.10 Contagem de cromossomas somáticos e avaliação da ploidia

Withania somnifera, *W. coagulans* e *T. anomalum* foram selecionadas para a avaliação do nível de ploidia. Os seus cromossomas somáticos foram estudados nos meristemas das pontas das raízes das plântulas jovens cultivadas em meio MS (Murashige e Skoog, 1962) com 1% de ágar, de acordo com Zhang et al., (2006) com modificações. Pontas de raízes com aproximadamente 1-1,5 cm de comprimento foram colhidas e tratadas com solução de colchicina a 0,1% durante 3 horas à temperatura ambiente. Depois de fixadas em etanol a 95%:HAc (3:1) a 4°C durante pelo menos 30 minutos ou durante a noite, foram conservadas numa solução de etanol a 70% até à sua utilização. Para as tornar macias, as pontas das raízes foram tratadas com HCl 5M (T001 e W007) durante 15 minutos a 60°C ou com HCl 1M (W002) durante 10 minutos a 60°C e coradas com a solução de fucsina de carbol durante 1 hora antes de serem esmagadas. As pontas das raízes coradas foram aplicadas em lâminas de vidro e observadas ao microscópio de luz (ZEISS, Axiophot). Foram observadas pelo menos 15-30 células para determinar o número de cromossomas em cada espécie.

2.11 Síntese de cDNA de cadeia simples

O cDNA foi preparado a partir do ARN total. Foi sintetizado utilizando SuperscriptII plus reverse transcriptase (Invitrogen). A reação para 20 µl volume foi realizada da seguinte forma: 2 µg ARN total

1 µl 10 µMprimer oligo(dT)20

Adicionar água sem RNase/DNase a 12 µl.

Incubar a 70°C durante 10 minutos e colocar diretamente no gelo durante 2 minutos.

Adicionar o seguinte ao tubo com gelo:

4 µl de tampão 5X First Strand

2 µl 20 mMDTT

1 µl 10mistura de dNTP mM

1 µl SuperscriptII 2.5units/µl

Incubar durante 1 hora a 42°C. Depois de parar a atividade enzimática por incubação a 70°C durante 10 minutos, precipitar em etanol. Finalmente, dissolver em 100 µl TE e armazenar a -20°C.

2.12 Isolamento e sequenciação de genes

Os genes marcadores *atpB* e *matK* do cloroplasto foram amplificados a partir do ADN genómico de todos os acessos de Withania e Tubocapsicum utilizando primers específicos. Para o isolamento dos genes *MPF1-like* e *MPF2- like*, o RNA total das folhas e flores foi isolado e transformado em cDNA seguindo um protocolo padrão (ver secção 2.11 anterior). As sequências de cDNA do *MPF1-like* e *do MPF2-like* foram isoladas com primers de genes juntamente com os primers poli (T)-adaptadores, de acordo com o manual do utilizador da Clontech. As sequências de todos os primers utilizados estão listadas no Suppl. Tabela 1. Os fragmentos amplificados foram clonados no vetor pGEMT-Easy para sequenciação. Pelo menos 12 clones para cada gene e para cada acesso foram sequenciados em ambas as direcções. Durante o isolamento de genes *MPF2-like*, foram também detectados vários pseudogenes contendo codões de paragem pré-maturos (ver Tabela 3.3), mas nenhum destes pseudogenes foi incluído em análises posteriores, exceto o teste de evolução direcional MPF1-like.

Os loci genómicos foram obtidos com o Expand Long Template PCR System (Roche), utilizando os primers específicos dos genes baseados em sequências de cADN de comprimento total.

As regiões 5'-untranslated (UTRs) dos cDNAs de Withania e Tubocapsicum *MPF2-like* foram isoladas por amplificação rápida das extremidades do cDNA (RACE) usando o kit 5'/3' RACE (Roche Diagnostics, Mannheim, Alemanha). Os iniciadores específicos dos genes foram concebidos com base nas sequências de cADN obtidas por 3'-RACE. Os locais putativos de início da transcrição foram deduzidos a partir da sequência do fragmento mais longo de cADN obtido por 5'-RACE.

Para além das sequências dos genes *MPF1-like* e *MPF2-like*, os genes *MAGO NASHI-like* foram também isolados de Withania e Tubocapsicum. Em *Physalis floridana*, existem duas cópias deste gene, que são *PFMAGO1* e *PFMAGO2* (He et al., 2007). Por conseguinte, foram concebidos primers baseados nas sequências de codificação de *PFMAGO1* e *PFMAGO2*. Os produtos de PCR amplificados a partir dos cDNAs de *W. somnifera* (W006) e *T. anomalum* (T001) foram clonados no vetor pGEMT-Easy e os plasmídeos foram sequenciados.

2.12.1 Reconstrução da árvore filogenética

As análises filogenéticas foram efectuadas em colaboração com o Dr. Jinyong Hu (antigo membro do grupo). Todas as sequências individuais de diferentes clones de um gene de cada acesso foram primeiro editadas de acordo com o ficheiro de rastreio de sequenciação original e montadas utilizando AssemblyLIGN™ (Oxford

Molecular Group Plc.). A sequência de consenso para cada um dos genes de cada acesso foi derivada de acordo com o alinhamento da sequência de todos os clones. As sequências deduzidas de aminoácidos foram alinhadas utilizando o método ClustalW no pacote MacVector® (Accelrys Inc.) e corrigidas manualmente de acordo com os resultados do alinhamento utilizando MUSCLE (Edgar e Robert, 2004) e POA (Lee at al., 2002). As sequências de nucleótidos foram alinhadas manualmente de acordo com os alinhamentos de aminoácidos. As sequências dos genes *MPF1-like* foram montadas para produzir um alinhamento com falta de 10 aminoácidos no seu N-terminal. Os alinhamentos das proteínas do tipo MPF2 careciam dos primeiros 44 aminoácidos no terminal N e de 3 aminoácidos no terminal C. Foi construída uma árvore de junção de vizinhos simples utilizando dois marcadores de cloroplasto (*atpB e matK*) e dois genes nucleares (*MPF1-* e *MPF2-like-B*). Para avaliar a robustez da estrutura da árvore, foram efectuadas 1000 réplicas de pesquisas bootstrap.
As redes filogenéticas podem revelar melhor a história evolutiva, incluindo a hibridação, a recombinação e a homoplasmia, etc., do que uma estrutura semelhante a uma árvore (Huson e Bryant, 2006). Por conseguinte, foi implementada uma análise de reconstrução de redes de vizinhos (Bryant e Moultron, 2004) no pacote SplitsTree4 (Huson e Bryant, 2006) com parâmetros predefinidos, utilizando um método de distância P não corrigida.

2.12.2 Análises evolutivas e testes de seleção natural

Para examinar se o ICS sofre uma evolução adaptativa, foi implementado um teste estatístico baseado na filogenia da seleção positiva em proteínas semelhantes a MPF1 e MPF2. O objetivo era determinar se algumas proteínas semelhantes a MPF1 ou MPF2 evoluíram sob seleção positiva. Porque é provável que tal seleção actue em proteínas envolvidas em novidades morfológicas para melhor se ajustar à evolução adaptativa.
Para os testes de seleção darwiniana, foram montadas sequências completas de cDNA *MPF2-like* das cinco espécies de Withania, de *W. aristata* os genes *MPF2-like-A WAA201-1, WAA201-2* e os genes *MPF2-like-B WAB201-1, WAB201-2*; de *W. coagulans WCA201-1* foi excluído, uma vez que lhe faltava uma parte da sua sequência N-terminal, *WCA201-2* e *WCB201-1, WCB201-2*; *W. riebeckii WRA204-1, WRA204-2* e *WRB204-1, WRB204-2*; *W. somnifera WSA206-1, WSA206-2 e WSB206-1, WSB206-2* e *W. frutescens WFA213-1, WFA213-2* e *WFB213-1, WFB213-2*; uma espécie de Tubocapsicum, o gene *MPF2-like-B* de *T. anomalum TAB201-1, TAB201-2.* das espécies de Physalis, P068, P075, P105 e *MPF2* de *Physalis floridana*, I001 de *Iochroma australe*, Du001 de *Dunalia fasciculata*, V001 de *Vassobia breviflora,* S032 de *Solanum tuberosum* e Sm001 de *Solanum macrocarpon* (ver Tabela Suppl. 1 em Hu e Saedler, 2007). No entanto, as sequências do exão 4th da região C-terminal não puderam ser alinhadas e, por conseguinte, foram removidas da matriz de genes *semelhantes ao MPF2.* Também foi montado um conjunto de dados semelhante de sequências MPF1-like para o teste de seleção (Tabela 3.3).
A reconstrução da árvore de máxima verosimilhança (ML) foi efectuada com o PAUP 4.0b10, de acordo com Hu e Saedler (2007). Para avaliar a robustez da estrutura da árvore, foram efectuadas 1000 réplicas de pesquisas bootstrap utilizando a máxima parcimónia (MP) e a máxima verosimilhança (ML) no PAUP e a probabilidade posterior Bayesiana foi calculada de acordo com Ronquist e Huelsenbeck (2003). Estas análises foram realizadas com o programa codeml do pacote PAML (análise filogenética por máxima verosimilhança) (Yang e Nielsen, 1998), que utiliza a estimativa de máxima verosimilhança de vários parâmetros para testar a seleção positiva e inferir locais de aminoácidos sob seleção positiva. A análise consiste em duas etapas principais. A primeira etapa utiliza o teste da razão de verosimilhança para a seleção positiva. O rácio rn = dN/dS, sendo dS o número de substituições sinónimas por sítio sinónimo e dN o número de substituições não sinónimas por sítio não sinónimo, foi utilizado para avaliar se as sequências codificadoras de proteínas MPF1-like e MPF2-like evoluíram sob seleção darwiniana positiva (Yang e Nielsen, 2002). As diferenças entre os modelos de razão livre e de razão única foram comparadas para verificar se as razões dN/dS variam entre diferentes linhagens das árvores filogenéticas. O rácio w mede a magnitude e a direção da pressão selectiva sobre uma proteína, com w = 1, <1 e >1 a indicar evolução neutra, seleção purificadora e seleção diversificadora positiva, respetivamente. A principal vantagem destes modelos de verosimilhança em relação a análises anteriores é que eles consideram pressões selectivas variáveis entre sítios, assumindo que existem diferentes classes de sítios nas proteínas com diferentes rácios w. A segunda etapa da análise consistiu em identificar os resíduos de aminoácidos sob seleção positiva quando o rácio de verosimilhança sugere a sua presença. Isto foi conseguido calculando as probabilidades posteriores em cada local de acordo com os dados gerados a partir de diferentes classes w de proteínas. Os locais de resíduos de aminoácidos com elevada probabilidade de provirem de uma proteína com w > 1 são susceptíveis de estar sob seleção positiva.

2.13 Análise de Southern blot

A hibridação a sul foi efectuada com a cooperação de Simone Riss e do Dr. Chaoying He (membros do grupo). O ADN genómico de alta qualidade de *W. coagulans* (W002), *W. somnifera* (W006 e W007) e *T. anomalum* (T001) foi digerido com as enzimas de restrição EcoRI, BamHI e KpnI. Os fragmentos de ADN foram separados num gel de agarose e colocados em tampão alcalino nas membranas de nylon Hybond N^+ (Amersham), de acordo com Koetsier et al. (1993). Foram concebidas duas sondas específicas (cerca de 300 pb) para os genes *MPF2-like-A* e *MPF2-like-B*, incluindo a região C-terminal e 3'UTR destes genes. Para a marcação radioactiva das sondas de ADN, 50 ng de ADN foram fervidos em 20 µl de H20 durante 5 minutos e rapidamente

arrefecido em gelo. A síntese aleatória de oligonucleótidos foi efectuada através da adição de 5 µl [a^{32} P]-dCTP (10 pCi/mol), 3 µl 10X oligo buffer e 1.6 µl Klenow (2U/pl) no ADN da sonda e incubação à temperatura ambiente durante 1-2 horas. A enzima Klenow foi utilizada para a reação de enchimento. Finalmente, o produto de marcação foi purificado utilizando uma coluna NucleoSpin®ExtractII. O blot foi primeiro pré-hibridizado no tampão de hibridação (Quadro 2.3) durante 3 horas e, em seguida, novamente hibridizado no mesmo tampão contendo a sonda marcada radioactivamente durante a noite a 67°C. A membrana foi lavada duas vezes no tampão de lavagem e lavada duas vezes a 65°C durante 20 minutos. Os filtros lavados foram expostos a um ecrã de fósforo de armazenamento (Molecular Dynamics) e os sinais foram quantificados com um Typhoon 8600 Phosphor Imager (Amersham Biosciences). Por fim, a remoção foi efectuada a 80°C no tampão de remoção e utilizada para hibridação posterior.

Tampão de hibridação (11):	Tampão de lavagem (1l):	Tampão de decapagem (1l):
150 ml 20X SSE	25 ml 20X SSE	5 ml 20X SSE
200 mg PVP 90	10 ml de SDS a 10%	10 ml de SDS a 10%
200 mg Ficoll 400	adicionar H20 a 1 litro	adicionar H20 a 1 litro
10 ml de SDS a 10%		
adicionar H20 a 1 litro		

Tabela 2.3: Tampões utilizados para a hibridação

2.14 Análise da expressão do gene *MPF2-like*

Foi efectuada uma RT-PCR quantitativa relativa para discernir os padrões de expressão dos genes *MPF2-like* em diferentes tecidos de Withania (W002 e W006), Tubocapsicum (T002), Vassobia (V001), Iochroma (I001) e Dunalia (D001). Os iniciadores específicos para todos os acessos que abrangem pelo menos 3 intrões no domínio K e as regiões C-terminais foram especificamente concebidos para os genes *MPF2-like-A* e *MPF2-like-B* separadamente. O ARN total das folhas jovens com menos de 1 cm, das folhas maduras, dos primeiros botões em desenvolvimento antes da egressão das pétalas, dos botões antes da antese e das flores em antese foi extraído com o RNeasy Plant Mini Kit (Qiagen) e tratado com DNase I (Roche) para remover a contaminação do ADN genómico. A síntese da primeira cadeia de cDNA foi efectuada utilizando a transcriptase reversa Clontech PowerScript II com 2 µg de RNA total num volume de reação de 20µl . A normalização foi efectuada utilizando o *18S* rRNA expresso constitutivamente. A RT-PCR multiplex foi efectuada em 20 µl volumes de reação utilizando a Qiagen Taq polymerase para pares de primers *MPF2-like* durante 14 ciclos e continuou para outros 16 ciclos após a inclusão de primers 18S. Os produtos de PCR amplificados foram colocados num gel de agarose a 2% e fotografados. A intensidade da amplificação (expressão *de MPF2-like*) foi avaliada após a digitalização do gel no Typhoon 8600 Phosphor Imager (Amersham Biosciences). Todos os fragmentos foram sequenciados e provaram ser idênticos às sequências *MPF2-like*, isoladas anteriormente. A experiência foi repetida 3 vezes para cada uma das 2 amostras independentes.

2.15 Análise da sobre-expressão de genes *do tipo MPF2* em Arabidopsis

A fim de discernir a divergência funcional dos genes *MPF2-like*, foi investigada a sobre-expressão destes genes em Arabidopsis. Para o efeito, foram utilizados dois tipos de vetores. No primeiro caso, foram geradas três construções, *35S:WSA206:YFP*, *35S:WSB206:YFP* e *35S:TAB201:YFP* com a etiqueta C-terminal YFP, utilizando a tecnologia de clonagem gateway (Invitrogen) de acordo com os protocolos do fabricante. Os cDNAs de comprimento total (sentido) de *WSA206*, *WSB206* e *TAB201* foram clonados no vetor pENTR/D-TOPO-201 e finalmente recombinados com o vetor de destino pDES-XCS-mYFP utilizando a clonase 2.1 (Invitrogen). As construções foram sequenciadas para verificar se o gene YFP se encontra na orientação correta

e na estrutura de codificação com os genes *do tipo MPF2*, impulsionados pelo promotor CaMV35S.
Na segunda abordagem, foi adoptada uma estratégia de clonagem em duas etapas. Numa primeira fase, os cDNAs completos (sequência de codificação) de *WSA206*, *WSB206* e *TAB201* foram clonados no vetor pRT100 utilizando sítios de restrição das enzimas BamHI e NcoI. Na segunda etapa, toda a cassete que continha a inserção foi clivada com a enzima HindIII e transferida para o vetor binário de plantas pBAR-A para expressão impulsionada pelo promotor CaMV35S. Estas construções foram também verificadas por sequenciação. A transformação de todas as construções sem YFP e com etiqueta YFP, juntamente com vectores vazios, em *Arabidopsis thaliana* foi mediada pelas estirpes GV3101 (pMP90RG) e GV3101 (pMP90RK) de *Agrobacterium tumefaciens,* respetivamente. Para a transformação, foi utilizado o protocolo floraldipping (Clough e Bent, 1998) com modificações importantes, tais como o meio MS (mistura de sais de Murashige e Skoog) e B5 (Gamborg) e as vitaminas foram excluídas do meio de agro-infiltração. Após a germinação, as plantas transgénicas com as construções foram analisadas por pulverização com 0,15-0,2% de BASTA duas vezes por semana. As plantas transgénicas que continham a inserção foram confirmadas por análise RT-PCR utilizando iniciadores específicos do gene.
Para observar as diferenças fenotípicas, as folhas e as inflorescências das plantas transgénicas que expressam genes *MPF2-like* foram observadas visualmente. O comprimento do pedicelo das plantas de Arabidopsis transgénicas com genes *MPF2-like* e das plantas de controlo foi medido com uma escala Vernier. As flores com frutos foram fotografadas com uma câmara digital ou uma câmara ligada a um microscópio binocular. As imagens das plantas transgénicas foram obtidas na mesma fase de desenvolvimento (fase de floração) com a mesma ampliação. No caso de plantas transgénicas transformadas com construções marcadas com YFP, as folhas e os cálices das plantas transgénicas foram analisados num microscópio confocal de varrimento a laser (CLSM) Leica TCS SP2 AOBS^R, para monitorizar a localização e a intensidade dos sinais YFP.

2.16 Isolamento das sequências do promotor e do primeiro intrão dos genes *do tipo MPF2*

Um total de 16 sequências promotoras e 14 sequências do primeiro intrão de genes *do tipo MPF2* foram isoladas de vários acessos de Withania, Tubocapsicum e Vassobia pelo método RAGE (rapid amplification of genomic DNA ends) (Clontech). A lista completa de todas as sequências do promotor e do intrão isoladas com o comprimento correspondente é apresentada no quadro 2.4. Para este efeito, o ADN genómico foi completamente digerido com diferentes enzimas de corte de extremidade romba, por exemplo, DraI, EcoRV, ScaI, SmaI, PvuII, StuI e XbaI, durante a noite. Após purificação com colunas de centrifugação (MACHEREY-NAGEL, Alemanha), os fragmentos foram ligados aos adaptadores utilizando a enzima T4 DNA ligase (Roche) a 4°C. A primeira PCR foi efectuada utilizando um iniciador de adaptador AP e um iniciador específico do gene, enquanto a segunda PCR foi executada com um iniciador de adaptador aninhado NAP e um iniciador específico do gene, após diluição do produto de 1st PCR 50 vezes com água. As sequências dos iniciadores específicos dos genes estão indicadas no Quadro 1 do Suplemento. Tabela 1. Os adaptadores e os iniciadores correspondentes estão descritos no manual (Clontech), e os iniciadores específicos do gene foram os mesmos que no 5'-RACE.
As sequências do intrão do *MPF2-like* 1st foram isoladas com amplificação por PCR utilizando primers concebidos para se ligarem à região promotora e ao segundo exão dos genes *MPF2-like*.
Todas as sequências do promotor *MPF2-like* e do intrão 1st foram isoladas como uma única peça contígua e as suas identidades genéticas foram confirmadas comparando-as com as sequências de cDNA de comprimento total correspondentes, especialmente as sequências 5'-RACE.

2.16.1 Análise do promotor *do tipo MPF2* e da sequência do primeiro intrão

Para os genes *do tipo MPF2*, foram selecionadas para análise bioinformática sequências do promotor de 1,2 kb a montante e sequências do intrão 1$^{(st)\ de}$ 1,5 kb a jusante (o comprimento do intrão 1st é superior a 1,8 kb em todos os genes) do ATG. Todas as sequências foram analisadas utilizando os programas TBA e MultiTF (http://rvista.dcode.org/cgi-bin/mTTP.cgi) no pacote Mulan (Multiple-sequence local alignment) Online (http://mulan.dcode.org). Os elementos putativos *cis-acting* nos promotores foram previstos utilizando a base de dados de elementos de ADN reguladores *cis-acting* de plantas Transfac (http://www.gene-regulation.com/pub/databases.html).
Os ficheiros tba.maf concatenados foram submetidos ao MultiTIF na biblioteca TRANSFAC professional V10 de plantas e a similaridade da matriz optimizada para funções foi predefinida como 0,85. Onze das 80 famílias de factores de transcrição de plantas foram selecionadas para a criação da matriz de alta qualidade TBX5 e NKX 2.5. Os parâmetros selecionados para a sobreposição dinâmica da previsão dos sítios de ligação dos factores de transcrição (TFBS) com o agrupamento de perfis de conservação incluíram: 3 kb por camada, largura da imagem de 800 pixels, um sítio por 1000 bp e agrupamento com gráfico suave. Finalmente, a visualização dinâmica dos TFBS foi obtida num formato gráfico.

2.16.2 Análise da expressão de construções *MPF2-like* promoter:GUS e promoter-1st exon1st intron:GUS em Arabidopsis transgénica

Com base em análises bioinformáticas da sequência do promotor e dos intrões 1st, os genes *WSA206*, *WSB206*, *TAB201*, *VBB201* e *MPF2* foram selecionados para a geração de construções promotor:GUS e promotor-1st exão-1st intrão:GUS. Um total de 39 (9 para *WSA206*;
9 para o *WSB206*; 9 para o *TAB201*; 5 para o *V001*; e 7 para o *MPF2*) foram concebidas construções de deleção tendo em consideração os motivos importantes identificados para os genes acima mencionados. Na Fig. 1 do Suplemento são apresentados mais pormenores sobre o esquema seguido para a criação das construções. Fig. 1 e as especificações das construções são mencionadas no Quadro 3.5.
O vetor de expressão GUS pGVT-bar foi utilizado como base para a realização destas construções. O promotor, o intrão e o vetor foram digeridos com as enzimas de restrição SmaI, XmaI, HindIII, SbfI e XbaI. Após a purificação, a ligação foi efectuada utilizando T4 DNA ligase da NEB (New England Biolabs) a 15 °C durante a noite. As construções foram sequenciadas para confirmar o enquadramento e a orientação corretos da inserção.

Sr. Nr.	Adesão	Espécies	Genes	Promotor comprimento (bp)	Comprimento do intrão (bp)
1	W001	*W. aristata*	*WAA201*	2667	2373
2	W001	*W. aristata*	*WAB201*	3294	1827
3	W002	*W. coagulans*	*WCA202*	2609	2541
4	W002	*W. coagulans*	*WCB202*	2978	1865
5	W004	*W. riebeckii*	*WRA204*	2645	2621
6	W004	*W. riebeckii*	*WRB204*	3015	1873
7	W006	*W. somnifera*	*WSA206*	2645	2589
8	W006	*W. somnifera*	*WSB206*	2919	1870
9	W007	*W. somnifera*	*WSA207*	2606	2479
10	W007	*W. somnifera*	*WSB207*	3348	1945
11	W013	*W. frutescens*	*WFA213*	2645	2452
12	W013	*W. frutescens*	*WFB213*	2970	2001
13	T001	*T. anomalum*	*TAB201*	2308	3704
14	T002	*T. anomalum*	*TAB202*	2357	-

15	V001	*V. breviflora*	*V001_1*	2107	-
16	V001	*V. breviflora*	*V001_2*	2056	3386

Tabela 2.4: Lista de sequências do promotor e do primeiro intrão com o comprimento correspondente

A transformação de todas as construções, juntamente com os vectores vazios, em Arabidopsis foi mediada pela estirpe GV3101 (pMP90RG) de *A. tumefaciens*. Para a transformação de plantas, tal como mencionado anteriormente, foi utilizado o protocolo de imersão floral (Clough e Bent, 1998) com modificações importantes, tais como o meio MS (mistura salina de Murashige e Skoog) e B5 (Gamborg) e as vitaminas foram omitidas do meio de agro-infiltração.
A análise histoquímica GUS foi realizada para observar os padrões de expressão dos genes *MPF2-like* em diferentes tecidos das plantas transgénicas de Arabidopsis de acordo com Jefferson et al., (1987). As inflorescências e as folhas em roseta das plantas transgénicas foram colhidas e imediatamente submersas na solução de coloração GUS. As amostras foram aspiradas durante 15 a 30 minutos, duas vezes, para permitir que a solução de GUS penetrasse nos tecidos, e incubadas a 37 °C durante a noite. As amostras foram isentas de clorofila, tratando-as com etanol a 70% pelo menos três vezes. Finalmente, os padrões de expressão de GUS foram observados visualmente e com o binóculo.

2.16.3 Análise da expressão das construções *MPF2-like* promoter:YFP e promoter 1st exon-1st intron:YFP em folhas *de Nicotiana benthamiana* transformadas transientemente

O vetor de expressão PXCG-mYFP sem promotor foi utilizado para criar as construções YFP. Para gerar construções YFP, foram utilizadas exatamente as mesmas sequências de promotor e intrão do *tipo MPF2* descritas na secção anterior (2.16.2) para a análise GUS (ver Fig. 1 Suppl. e Tabela 3.5). Foi gerado um total de 36 construções (9 para *WSA206*, 9 para *WSB206*, 9 para *TAB201*, 9 para *MPF2*) utilizando a tecnologia gateway cloning (Invitrogen) de acordo com as instruções do fabricante. As sequências do promotor e do intrão foram clonadas no vetor pENTR/D-TOPO-201 e finalmente recombinadas com o vetor de destino pDES-XCG- mYFP utilizando a clonase 2.1 (Invitrogen). Após a sequenciação, os plasmídeos que continham inserções na orientação correta e na estrutura de codificação foram transformados na estirpe GV3101 de *A. tumefaciens* (pMP90RK) para infiltração transiente.
Para a infiltração transiente, foi inoculado meio YEB líquido contendo antibióticos adequados com GV3101 (pMP90RK) contendo construções de promotor e intrão, bem como construções de proteínas P19. Na DO necessária, as células de ambas as culturas foram colhidas e ressuspendidas no tampão de infiltração contendo acetosiringona. A P19 faz parte de uma classe de proteínas de vírus de plantas e animais que se sabe interferirem com o mecanismo de defesa do hospedeiro (Molnar et al., 2005). A OD600: 2 foi fixada para todas as culturas de construções, bem como para a construção da proteína P19. As culturas foram misturadas antes de serem infiltradas em folhas *de N. benthamiana*, conforme descrito por Llave et al., (2002). As duas folhas saudáveis superiores foram co-infiltradas com uma seringa de plástico de 1 ml.
Três dias após a infiltração, as folhas de *N. benthamiana* foram analisadas com o Leica TCS SP2 AOBS[R], Microscópio Confocal de Varrimento a Laser (LSCM) para deteção do sinal YFP. Foram selecionadas aleatoriamente pelo menos 10 imagens com sinais YFP nos núcleos para quantificar a luminescência com o programa ImageJ. A intensidade dos sinais YFP com uma determinada construção foi considerada como a força do promotor e do intrão do gene *MPF2-like*. Os dados foram processados e analisados para revelar a força dos promotores e dos intrões.

2.17 Análises de duas hibridizações em levedura

Para detetar as interações proteína-proteína do tipo MPF2 e do tipo MAGO NASHI no sistema de levedura, foram utilizadas duas estirpes de levedura AH109 e Y187, bem como dois vectores de levedura pGBKT7 (isco) e pGADT7 (presa) (Clontech). A preparação dos meios de levedura, das células competentes, da cotransformação e do acasalamento isco-presa foi efectuada de acordo com os métodos descritos no manual de protocolos de levedura (Clontech).

2.17.1 Geração de construções de proteínas MPF2-like e MAGO NASHI-like

Um total de 17 construções de levedura para as proteínas MPF2-like e MAGO NASHI-like de Withania, Tubocapsicum, Physalis e Arabidopsis foram testadas neste estudo (Tabela 2.5). As nove construções foram geradas neste estudo, enquanto oito construções foram fornecidas pelo Dr. Chaoying He (MPIZ, Colónia). Todas as construções de isco e presa utilizadas neste estudo estão listadas na Tabela 2.5. Os cDNAs completos de WSA206, WSB206, TAB201, WSMAGO1, WSMAGO2, TAMAGO1 e TAMAGO2 foram digeridos com

as enzimas de restrição NcoI e BamHI. Após purificação com colunas de centrifugação, os vectores digeridos (pGBKT7 e pGADT7) e as sequências de codificação foram ligados com T4DNA ligase (NEB) a 4 °C durante duas noites. Para verificação, todas as construções em ambos os vectores foram sequenciadas.
Além disso, as construções de levedura WSA206AC246 e WSB206VC257 também foram geradas utilizando a mesma metodologia descrita acima.

2.17.2 Testes de auto-ativação, formação de homo e heterodímeros e interações

A auto-ativação e a auto-ligação foram testadas por co-transformação das proteínas MPF2-like e MAGO NASHI-like com vectores isco e presa vazios. A ausência de crescimento dos transformantes em placas sólidas SD/-Trp-Leu-His indicou que todas as proteínas MPF2-like e MAGO NASHI-like não podiam ativar o gene repórter HIS3 por si só, ou seja, não podiam auto-ativar-se e ligar-se. Assim, a versão completa (pGBKT7-MPF2-like e pGBKT7-MAGO NASHI- like) pode ser utilizada como isco não só para analisar bibliotecas de cDNA de 2-híbridos, mas também para testar as suas interações. Além disso, foi testado o seu potencial de homo- e hetero-dimerização. Além disso, as construções WSA206AC246 e WSB206VC257 foram também testadas quanto às suas propriedades de auto-ativação, ligação automática e dimerização. Finalmente, todas as construções foram co-transformadas na estirpe de levedura AH109 para estudar as suas interações entre si. Ambas as construções de estringência média (SD/-Trp-Leu-His) e meios de levedura de alta estringência (SD/-Trp-Leu-His-Ade) foram utilizados para o plaqueamento. As placas de levedura foram incubadas a 28 °C durante 2-4 dias. As colónias com mais de 2 mm foram dissolvidas em meio líquido de estringência média (SD/-Trp-Leu-His) e incubadas a 28 °C durante 2 noites. Por fim, a matriz de interação foi gerada em placas de meios de levedura de estringência média (SD/-Trp-Leu-His) e de estringência elevada (SD/-Trp-Leu-His-Ade).

2.17.3 Rastreio da biblioteca de levedura de cDNA oligo-dT de Arabidopsis com proteínas do tipo MPF2 A biblioteca de dois híbridos de levedura de cDNA oligo-dT de Arabidopsis foi gentilmente cedida por Markus Kuckenberg (MPIZ, Colónia). Três construções de isco pGBKT7-MPF2-like (WSA206, WSB206 e TAB201) foram transformadas na estirpe de levedura Y187. A biblioteca de cDNA oligo-dT da estirpe AH109 foi utilizada como presa. O acasalamento das leveduras foi efectuado de acordo com os protocolos de seleção de bibliotecas (Clontech). Para o crescimento das colónias de levedura, foram utilizados meios sólidos de alta resistência (SD/- Trp-His-Leu-Ade e 3,0 mM 3-AT). As células de levedura foram incubadas numa câmara de crescimento a 28 °C durante 4-7 dias. As manipulações da levedura foram efectuadas de acordo com os procedimentos padrão (Clontech). As colónias com mais de 2 mm foram tratadas com a liticase para dissolver as paredes e foi efectuada uma PCR padrão para amplificar os interactivos utilizando um par de primers concebido a partir da sequência do vetor de presa, tal como indicado no Suplemento. Quadro 1. Os produtos de PCR foram limpos com o ExoSAP-IT PCR Clean-up Kit (USB Corporation) e sequenciados. As sequências foram sujeitas a pesquisa BLAST (Basic Local Alignment Search Tool) utilizando o programa blastx (Search protein database using a translated nucleotide query) na base de dados NCBI (National Centre for Biotechnology Information). Foi gerada uma lista de interactivos com o número de acertos para os três iscos (WSA206, WSB206 e TAB201) separadamente.
Para verificar as interações, as construções de isco SEP1, SEP4 e SOC1 foram co-transformadas na estirpe de levedura AH109. Além disso, outras construções como AP1, SEP2 e SEP3 também foram testadas para interações. A mistura transformada destas células foi colocada em placas de estringência média (SD/- Trp-His-Leu) e de estringência elevada (SD/-Trp-His-Leu-Ade e 3,0 mM 3-AT), respetivamente.
O ensaio não letal da B-galactosidase foi realizado conforme descrito por Duttweiler (1996) para confirmar todas as interações acima referidas detectadas.

Sr. Nr.	Espécies vegetais	Proteína	pGBKT7 (Isco)	pGADT7 (Presa)	Fonte
1	*W. somnifera*	WSA206	WSA206	WSA206	Este estudo
2	*W. somnifera*	WSB206	WSB206	WSB206	Este estudo
3	*W. somnifera*	WSA206	WSA206AC246	WSA206AC246	Este estudo
4	*W. somnifera*	WSB206	WSB206VC257	WSB206VC257	Este estudo
5	*W. somnifera*	WSMAGO1	WSMAGO1	WSMAGO1	Este estudo
6	*W. somnifera*	WSMAGO2	WSMAGO2	WSMAGO2	Este estudo
7	*T. anomalum*	TAB201	TAB201	TAB201	Este estudo

8	*T. anomalum*	TAMAGO1	TAMAGO1	TAMAGO1	Este estudo
9	*T. anomalum*	TAMAGO2	TAMAGO2	TAMAGO2	Este estudo
10	*P. floidana*	PFMAGO1	PFMAGO1	PFMAGO1	Chaoying He
11	*P. floridana*	PFMAGO2	PFMAGO2	PFMAGO2	Chaoying He
12	*A. thaliana*	AP1	AP1AC196	AP1	Chaoying He
13	*A. thaliana*	SEP1	SEP1AC168	SEP1	Chaoying He
14	*A. thaliana*	SEP2	SEP2AC168	SEP2	Chaoying He
15	*A. thaliana*	SEP3	SEP3AC171	SEP3	Chaoying He
16	*A. thaliana*	SEP4	SEP4	SEP4	Chaoying He
17	*A. thaliana*	SOC1	SOC1	-	Chaoying He

Tabela 2.5: Lista de construções utilizadas na análise de dois híbridos de levedura

Capítulo 3

3 Resultados

A parte dos resultados foi estruturada em quatro secções. Na primeira secção, foi elucidada a morfologia do cálice, a ablação dos órgãos florais e, em particular, o crescimento do cálice e do fruto em resposta à aplicação de hormonas. A segunda secção, que é a parte principal, diz respeito principalmente a análises filogenéticas de marcadores de cloroplastos, genes determinantes de caraterísticas nucleares, tais como *MPF1-like* e *MPF2-like*, a sua duplicação, diversificação e expressão em diferentes tecidos. Adicionalmente, a caraterização funcional dos *cis-elementos* que regulam a expressão dos genes *MPF2-like* e as suas interações proteína-proteína foram ilustradas na 3ª e 4ª secções, respetivamente.

3.1 Morfologia do cálice, arquitetura e efeitos das hormonas no crescimento do cálice

Vários dos nove géneros de Withaninae apresentam ICS, incluindo Mellissia, Nothocestrum, Physaliastrum e Withania, enquanto Tubocapsicum, por exemplo, tem apenas um cálice pequeno e discreto (D'Arcy, 1991). A seguir, espécies intimamente relacionadas de Withania e Tubocapsicum foram tomadas como exemplos de espécies com caraterísticas ICS e não ICS. Um total de 13 acessos de Withania, incluindo 5 espécies (*W. aristata*, *W. frutescens*, *W. riebeckii*, *W. coagulans* e *W. somnifera*) e 2 acessos de *Tubocapsicum anomalum* e um acesso de cada para *Iochroma australe* e *Vassobia breviflora* foram usados no estudo (Tabelas 3.1 e 3.3), com ênfase especial em *W. somnifera.*

3.1.1 Diversidade de cálices nos Withaninae

Variações na forma e arquitetura do cálice são visíveis nas Withaninae. Enquanto as sépalas de *W. coagulans* e *W. somnifera* são completamente fundidas e encapsulam a baga, as sépalas de *W. riebeckii*, *W. aristata* e *W. frutescens* não são fundidas no ápice e constituem uma lanterna aberta (Fig. 3.1A,B,C,D,E,F). O meio balão de *W. aristata* contém projecções em forma de agulha na ponta, ao contrário de *W. frutescens*, que apresenta invaginações em forma de dentes (Fig. 3.1A,E). *W. somnifera* tem uma lanterna mais globosa em comparação com *W. coagulans*, onde é mais longa em comprimento do que em largura no ápice, especialmente. Tanto *a W. somnifera* quanto *a W. coagulans* possuem cálices semissuculentos e papeleiros, enquanto sépalas mais carnudas são comuns em outras espécies como a *W. riebeckii*. Enquanto Withania apresenta uma diversidade de ICS, *Tubocapsicum anomalum* é completamente desprovido de um cálice verdadeiro e apresenta apenas um cálice rudimentar. Durante o desenvolvimento do fruto, os cálices de floração e de frutificação de Withania podem mudar de tamanho e/ou de arquitetura.

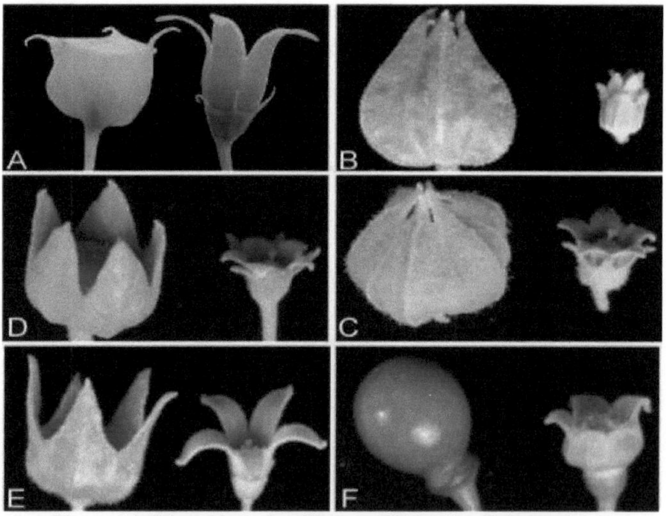

Figura 3.1: Diversidade de cálices em Withania e Tubocapsicum

Fotografias exibindo a diversidade de cálices floridos e frutíferos de Withania e Tubocapsicum são mostradas. A) *Withania aristata*; B) *Withania coagulans*; C) *Withania riebeckii*; D) *Withania somnifera*; E) *Withania frutescens*; F) *Tubocapsicum anomalum.* Notar o cálice rudimentar em Tubocapsicum.

3.1.2 Variações no grau de inflação dos cálices

Os comprimentos e larguras dos cálices de floração e frutificação foram medidos em vários acessos para quantificar o alargamento do cálice durante a maturação do fruto (acrescência), e os dados foram comparados com relatórios da literatura (D'Arcy, 1973; Zhang et al., 1994; Hu e Saedler, 2007) incluindo as impressões visuais da arquitetura do cálice descritas. A Tabela 3.1 mostra que em Withania o aumento médio do cálice de frutificação é de cerca de 2 a 3 vezes. *W. somnifera* (W006, W007, W008, W012) e espécies de Withania (W010 e W011) demonstram o aumento máximo no crescimento do cálice. W010 apresenta o valor mais alto tanto na razão do comprimento do cálice (3,83) quanto na razão da largura do cálice (4,46). Entre os acessos que apresentam os menores valores de inflação do cálice estão W001 (*W. aristata*) e W013 (*W. frutescens*). *W. riebeckii* (W004 e W005) manifesta um aumento intermediário na inflação do cálice. Em geral, a tendência de aumento do tamanho do cálice é maior na largura do que no comprimento em todos os acessos de Withania estudados. Ao contrário de Withania, há pouco aumento (razão de comprimento, 0,94 e razão de largura 0,75) no cálice frutífero de Tubocapsicum. Ambos os cálices de floração e de frutificação são quase do mesmo tamanho. Iochroma e Vassobia também não apresentam crescimento do cálice durante a maturação do fruto. Apenas Withania apresenta acrescência e inflação no cálice, como é evidente a partir das proporções observadas.

				Morfologia do cálice							
Adesão	**Género**	**Espécies**	**Fonte**	**Comprimento do cálice (mm)**			**Largura do cálice (mm)**			**Accrescence**	**Inflação**
				Flor	**Fruta**	**Rácio (Fr/Fl)**	**Flor**	**Rácio de frutos (Fr/Fl)**			
W001	*Withania*	*aristata*	BGN	07.4±01.1	16.8±01.5	2.27	04.2±00.8	10.6±01.2	2.54	+	+
W002	*Withania*	*coagulantes*	BGN	04.6±00.6	14.9±02.2	3.24	02.8±00.7	10,9±00.8	3.89	+	+
W003	*Withania*	*frutescens*	BGN	04.0±00.4	14.5±00.8	3.62	03.0±00.4	12.5±02.0	4.17	+	+
W004	*Withania*	*riebeckii*	BGN	05.8±01.4	10.2±00.3	1.76	03.8±01.4	07.8±00.1	2.05	+	+
W005	*Withania*	*riebeckii*	BGN	05.6±01.1	11.5±00.9	2.05	04.0±00.6	08.6±00.4	2.15	+	+
W006	*Withania*	*somnifera*	BGN	06.4±01.7	16.8±01.3	2.62	03.7±01.4	12.3±03.1	3.32	+	+
W007	*Withania*	*somnifera*	BGN	03.5±00.6	13.4±00.6	3.83	02.8±00.8	11.3±00.8	4.03	+	+
W008	*Withania*	*somnifera*	BGN	04.8±00.9	15.7±02.1	3.27	03.2±02.0	12.8±00.6	4.00	+	+

W009	*Withania*	*ssp.*	BGN	04.7±00.8	15.6±00.1	3.32	02.9±00.3	09.8±0.13	3.37	+	+
W010	*Withania*	*ssp.*	BGN	03.6±01.0	13.8±03.0	3.83	02.8±00.9	12.5±00.5	4.46	+	+
W011	*Withania*	*ssp.*	BGN	04.0±00.8	13.6±00.7	3.40	03.3±01.1	14.6±01.3	4.42	+	+
W012	*Withania*	*somnifera*	BGN	03.9±00.5	12.0±02.0	3.08	02.6±00.3	11.6±00.4	4.46	+	+
W013	*Withania*	*frutescens*	UPU	07.3±00.4	14.3±00.3	1.96	05.6±00.7	10.7±00.9	1.91	+	+
T001	*Tubocapsicum*	*anómalo*	BGN	02.1±00.3	02.0±00.0	0.94	02.4±00.1	03.2±00.2	0.75	-	-
T002	*Tubocapsicum*	*anómalo*	BGN	02.3±00.2	02.2±00.1	0.96	02.7±00.3	03.3±00.6	1.22	-	-
I001	*Iochroma*	*australe*	BGN	07.6±004	09.7±0.9	1.28	06.6±0.8	08.6±01.1	1.30	-	-
V001	*Vassobia*	*breviflora*	BGN	03.4±00.9	03.8±01.1	1.12	03.1±0.02	03.9±00.7	1.23	-	-

Quadro 3.1: Lista dos acessos utilizados para as medições do cálice

Todos os acessos enumerados foram cultivados nas estufas do MPIZ de Colónia e verificados quanto ao seu fenótipo ICS.

A fonte indica o banco de sementes que forneceu as sementes. BGN, Jardim Botânico e Experimental da Universidade de Radbound, Nijmegen, Países Baixos; UPU, Universidade de Uppsala, Suécia.

O comprimento e a largura de 10 cálices foram medidos com uma escala Vernier e os desvios-padrão foram determinados.

A acrescência foi determinada pela observação visual da expansão do cálice no cálice frutífero; +, acrescência; -, normal. Inflação significa que os cálices crescentes encapsulam (quase) completamente o fruto; +, inflação (síndrome do cálice inflado, ICS); -, normal.

A partir das observações acima, pode-se inferir que há definitivamente um aumento no tamanho do cálice florido após a polinização em Withania. A hipótese pode ser a produção de um sinal que, após a polinização, induz a resposta de crescimento no cálice. Obviamente, algumas hormonas podem desempenhar um papel neste contexto. Mas antes da aplicação de hormonas, é imperativo saber que o crescimento do cálice ocorre após a polinização. Isto pode ser analisado através de experiências de ablação em Withania.

3.1.3 As experiências de ablação foram efectuadas com *W. somnifera* (W007). Quando o estigma do botão jovem foi removido, a flor secou e diminuiu de tamanho, o que, em última análise, resultou na redução do tamanho do cálice, especialmente da largura (Fig. 3.2 A,B). Quando a remoção foi efectuada numa flor jovem, o cálice cresceu, embora em tamanho, especialmente em comprimento, tendo depois parado o crescimento e a flor senescido mais cedo. A remoção do estigma nas flores polinizadas conduziu a um desenvolvimento exatamente igual ao da flor de controlo normal e à produção de frutos. Este facto confirma que a polinização ocorreu seguramente antes da remoção do estigma nesta fase. Não houve crescimento do cálice após a remoção do fruto nos estádios jovem e velho, embora as sépalas se tenham tornado mais alongadas do que mais largas no caso do fruto jovem.

Por outro lado, a remoção das sépalas na fase de botão jovem ou de flor aboliu completamente a frutificação.

A flor secou e diminuiu de tamanho. A ablação do cálice na fase de flor polinizada resultou no desenvolvimento normal do fruto e a flor permaneceu persistente. A remoção do cálice em fases posteriores manteve sempre o desenvolvimento do fruto (Fig. 3.2 C,D). Quando o cálice foi removido do topo, uma parte do cálice basal ainda permaneceu presa ao fruto. O cálice basal foi capaz de provocar o desenvolvimento normal do fruto. Experiências semelhantes foram feitas com Tubocapsicum, mas a remoção do estigma ou do fruto sempre resultou na senescência da flor (dados não mostrados).

Experiências de ablação envolvendo a remoção do estigma, das sépalas ou dos frutos em desenvolvimento sugeriram que ocorreu uma ligação cruzada entre as sépalas e os frutos em desenvolvimento durante a formação do ICS. Impedir a fertilização por emasculação ou pela remoção do estigma/estilo no estágio de botão floral inibiu a formação de mais cálices, enquanto a ablação do carpelo fertilizado logo após a polinização anulou o crescimento da sépala e, portanto, impediu a formação do ICS. No entanto, se a baga em desenvolvimento foi removida após a polinização, a formação do ICS ainda ocorreu, embora a estrutura resultante fosse menor do que a do tipo selvagem. Isto implica que a polinização ou os primeiros passos da fertilização fornecem substâncias quer sinais quer nutrientes para o crescimento da sépala. Estes resultados estão de acordo com He e Saedler (2007). Por outro lado, a ablação de sépalas antes da polinização impediu o desenvolvimento do fruto, enquanto que as ablações efectuadas em fases posteriores permitiram o desenvolvimento de bagas mais pequenas, sugerindo que as sépalas também contribuem para o desenvolvimento do fruto, como no caso de *Helleborus foetidus* e *Physalis floridana* (Herrera, 2005; He e Saedler, 2007).

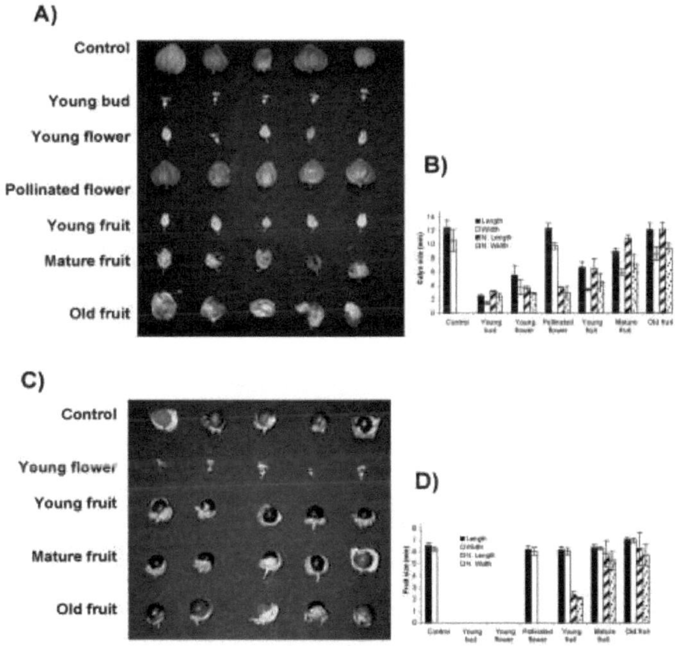

Figura 3.2 Relações entre o cálice e o fruto em desenvolvimento, reveladas por experiências de ablação em *Withania somnifera*

A) Fotografia mostrando o crescimento do cálice após a remoção do estigma em diferentes estágios (botão jovem, flor jovem, flor polinizada e fruto nos estágios jovem, maduro e velho). Note-se o crescimento das sépalas na fase de flor polinizada e nenhum crescimento na fase de botão jovem. B) Gráfico mostrando as variações no tamanho das sépalas após a remoção do estigma e do fruto em diferentes estágios. Note-se o aumento do tamanho da sépala após a ablação do estigma/estilo na fase de flor polinizada. Os comprimentos e as larguras são indicados nas colunas pretas e brancas, respetivamente. Os comprimentos e larguras (tamanhos) normais (N) no momento da ablação são indicados como colunas brancas riscadas e pintadas, respetivamente. As barras de erro indicam o desvio padrão. C) Fotografia mostrando o crescimento do fruto após a ablação do cálice em estágios como flor jovem, fruto jovem, fruto maduro e fruto velho na maturidade.

Note-se que não há iniciação de frutos na fase de flor jovem. D) Gráfico indicando os efeitos da remoção do cálice no tamanho do fruto em diferentes fases. Comparar o tamanho dos frutos após a remoção do cálice nas fases de flor jovem e de flor polinizada. Como C) Os comprimentos e as larguras são indicados como colunas pretas e brancas, respetivamente. Da mesma forma, os comprimentos e larguras (tamanhos) normais (N) no momento da ablação são indicados como colunas brancas riscadas e manchadas, respetivamente. As barras de erro indicam o desvio padrão.

Assim, em *W. somnifera*, as sépalas afectam o desenvolvimento dos frutos e os frutos provocam alterações no crescimento das sépalas. Definitivamente, existe algum tipo de interação entre elas. Tentou-se determinar a natureza destes sinais. Sabe-se que os frutos em desenvolvimento, por exemplo, produzem auxinas, citocininas e giberelinas (Ozga e Reinecke, 2003; Weyers e Paterson, 2001). Como passo seguinte, o papel das hormonas foi focado e os seus efeitos no desenvolvimento do ICS foram abordados mais aprofundadamente.

3.2.4 As citocininas e as giberelinas são essenciais para a formação de ICS em Withania

Da secção anterior é evidente que *a W. somnifera* normal apresenta ICS completamente desenvolvido, enquanto a ablação do estigma dos botões florais impede completamente a formação de ICS. A Fig. 3.3A mostra que as flores ablacionadas ficam secas quando tratadas com água ou auxina. Ambos são incapazes de restaurar a formação do ICS em Withania. Em contraste, o tratamento dos botões florais ablacionados do estigma com uma solução de citocinina (10-pM de 6-benzilaminopurina, 6-BAP, 2-isopenteniladenina, 2-IP, zeatina ou uma mistura de todos) ou uma solução de giberelina (ácido giberélico-3, GA3) restaura a formação do ICS. Resultados semelhantes foram obtidos por He e Saedler (2007), ao tratar *Physalis floridana* com hormonas. Embora o ICS tenha se desenvolvido em botões florais tratados com ácido giberélico, o aumento foi mais no comprimento do que na largura. Além disso, as sépalas tratadas com giberelinas e citocininas permaneceram persistentes, ao contrário dos tratamentos com água e auxinas, em que as sépalas secaram e acabaram por cair. Este facto sugere que as citocininas não só desencadeiam a ICS como também a mantêm. As pequenas bagas que se desenvolveram nessas 'lanternas', no entanto, não continham nenhuma semente. Ao contrário de Withania, as plantas de Tubocapsicum tratadas com qualquer uma das hormonas não apresentaram nenhuma resposta e não se desenvolveram estruturas semelhantes à ICS.

3.2.5 A exposição única a citocininas é suficiente para induzir a ICS em Withania

Embora as sépalas de Withania tenham sido continuamente tratadas com citocininas durante 7 dias, parece que um único tratamento também poderia induzir o aumento do comprimento do cálice. Notavelmente, as sépalas tornaram-se persistentes após uma única exposição às hormonas (dados não mostrados). Um único tratamento com uma mistura de GA3 e 6-BAP é suficiente para induzir a formação de uma lanterna comparável em tamanho com as observadas sob as condições naturais de auto-fertilização (He e Saedler, 2007).

Assim, um tratamento do cálice com estas hormonas pode imitar o efeito da fertilização no crescimento do cálice. As Withaninae são um grupo de plantas selvagens. Não se sabe muito sobre o seu nível de ploidia. A determinação do seu número cromossómico ajudará a definir a base molecular da formação de ICS em Withania e a falta de formação de ICS em Tubocapsicum.

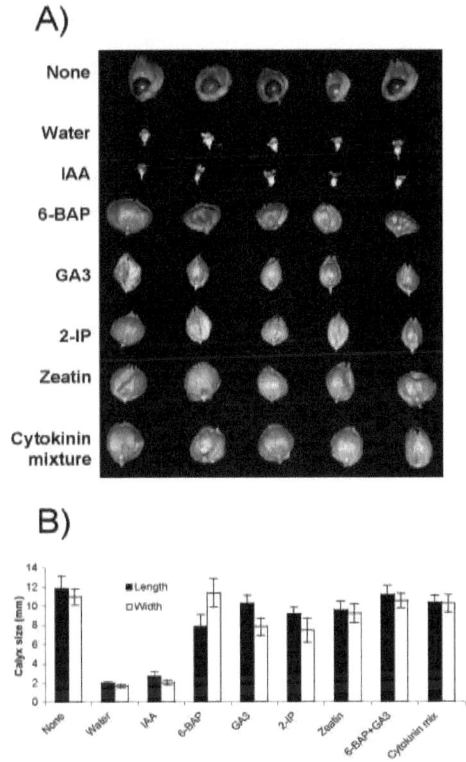

Figura 3.3 Tratamento hormonal do estigma/gomos de *Withania somnifera*

A) Fenótipos da síndrome do cálice inflado (ICS) obtidos após os diversos regimes de tratamentos indicados. Foi administrada uma concentração de 10-^M. Parte do cálice foi removida para expor a baga em desenvolvimento. Note-se que a utilização de ácido indol-3-acético (IAA) ou de água não restabelece o crescimento do cálice e não se desenvolveu qualquer baga madura em todas as amostras tratadas. B) Gráfico indicando os comprimentos e larguras médios das sépalas obtidos com os diferentes tratamentos. Os comprimentos e as larguras são indicados em preto e em colunas brancas, respetivamente. As barras de erro indicam o desvio padrão.

3.1.6 Withania e Tubocapsicum são tetraplóides

O número haploide (n) de cromossomas em *Withania* e *Tubocapsicum* é 12, como em outras plantas solanáceas. Foi efectuada uma avaliação do nível de ploidia de Withania e Tubocapsicum. Entre as 5 espécies de *Withania*, a ploidia de *W. coagulans* e *W. somnifera* foi relatada como sendo pelo menos 4n (Baquar, 1967; Bir e Neelam, 1980; Iqbal e Datta, 2007). *T. anomalum* também parece ser tetraploide (D'Arcy et al., 2001). No início, foram feitos esforços para determinar o nível de ploidia nestas espécies por citometria de fluxo, mas os dados gerados não puderam ser analisados corretamente, principalmente devido à falta de controlos adequados. Em alternativa, foi realizada a experiência clássica de esmagamento de raízes. Nesta experiência, foram examinadas, pelo menos, 15 células de cada espécie. O número de cromossomas variou de 34 a 48 como mínimo e máximo nestas células (Tabela 3.2). O número médio foi de 39,42±3,38 para *W. coagulans*, 39,53±3,46 para *W. somnifera* e 43,52±3,37 para *T. anomalum*. Em algumas células, os cromossomas pareciam estar sobrepostos uns aos outros e não se encontravam suficientemente bem dispersos para serem facilmente contados (Fig. 3.4). O número máximo de cromossomas para *W. coagulans*, *W. somnifera* e *T. anomalum* foi contado como sendo 48, 47 e 48, respetivamente. Assim, a contagem de cromossomas em abóboras de ponta de raiz de *W. coagulans, W. somnifera* e *T. anomalum* verificou que todas as espécies acima mencionadas parecem ser tetraplóides (4n=48), o que substancia os relatórios já publicados.

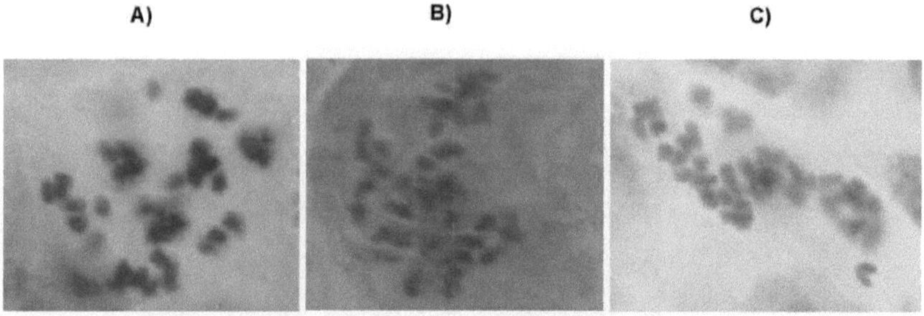

Figura 3.4 Células somáticas com cromossomas corados com solução de fucsina de carbol
A) *W. somnifera*; B) *T. anomalum*; C) *W. coagulans*

Por conseguinte, como passo seguinte, estes resultados foram verificados a nível molecular através da clonagem de cDNA de vários genes e de experiências de Southern blotting.

Célula nº.	*W. coagulans*	*W. somnífera*	*T. anomalum*
1	*42*	*41*	*42*
2	35	36	44
3	41	42	46
4	48	39	42
5	33	38	47
6	36	43	39
7	41	39	46
8	39	35	41
9	42	34	47
10	39	38	44
11	40	40	38
12	38	44	45
13	39	47	48
14	37		47
15	41	38	37
16	43		45
17	35		41
18	40		43
19	40		*39*
20	35		*48*
21	42		*45*
22	36		
23	36		
24	37		
25	39		
26	39		
27	36		
28	42		
29	40		
30			
31	48		
32	41		
33	39		
Média	**39.42**	**39.53**	**43.52**
Desenvolvime	**±3.38**	**±3.46**	**±3.37**

Tabela 3.2: Contagem de cromossomas em células somáticas de abóboras de ponta de raiz de *W. coagulans*, *W. somnifera* e *T. anomalum*. A caixa vermelha indica o número máximo de cromossomas

contados para cada espécie.

3.2 Duplicação, seleção, diversificação e sub-funcionalização e/ou neofuncionalização de genes *do tipo MPF2* nos Withaninae

Na *Physalis floridana* diploide, todas as três funções, ou seja, desenvolvimento foliar, ICS e fertilidade masculina, são realizadas por um único gene *MPF2* (He e Saedler, 2005). Por isso, o isolamento de mutantes "evolutivos" deficientes em qualquer uma das três funções é altamente improvável. No entanto, o facto de Withania ser um tetraploide, como é evidente a partir da avaliação da ploidia, pode oferecer a possibilidade de ordenar estas funções. Para este fim, os genes *MPF2-like* de Withania e Tubocapsicum foram isolados, sequenciados e analisados filogeneticamente, bem como funcionalmente.

As análises filogenéticas foram feitas em colaboração com o Dr. Jinyong Hu, (MPIZ, Colónia, antigo membro do grupo) e Simone Riss e o Dr. Chaoying He (membros do grupo) cooperaram na hibridação do Sul.

3.2.1 Os Withaninae contêm dois tipos de genes *do tipo MPF1* e *MPF2*

Os cDNAs dos genes *MPF1-like* e *MPF2-like* foram isolados de Tubocapsicum e 13 acessos de Withania representando 5 espécies de Withania listadas na Tabela 3.3. Para cada espécie e para cada um dos genes, foram isolados pelo menos dois tipos diferentes de clones compatíveis com a natureza tetraploide da espécie. Como os dois tipos estão intimamente relacionados com *MPF1* ou *MPF2*, foram denominados *MPF1* (ou *2*)-like *A* e *MPF1* (ou *2*)-like *B*, respetivamente. Em algumas espécies, como *W. aristata* (W001) e *W. coagulans* (W002), *W. sp.* (W010 e W011) e *W. somnifera* (W012), foram encontradas mais de duas sequências para cada um dos dois genes. Todos os genes codificam uma MADS-box altamente conservada, uma região I curta, uma K-box e uma região C-terminal (Fig. 3.7). Além disso, foram isolados vários clones de pseudogénios em ambas as categorias com um codão de paragem prematuro (Quadro 3.3). Foram encontrados pseudogénios (*PWC202_b, PWF203_a, PWR205_b, PWS206_b, PWF213_b*) em vários acessos depois de terem sido isoladas duas cópias de genes *semelhantes ao MPF2*.

Foi efectuada uma 5'-RACE para obter as sequências completas do cDNA dos genes *MPF2-like*. O cDNA mais longo do *MPF2-like-A* compreende 1107 pb, enquanto a sequência equivalente *do MPF2-like-B* tem 1228 pb de comprimento. Ambos codificam polipeptídeos previstos de 254 e 249 resíduos de aminoácidos, respetivamente (Suppl. Fig. 1). A comparação das sequências indicou que as regiões codificadoras partilhavam 89% de identidade (85 diferenças de nucleótidos simples na região codificadora de 762 pb) ao nível dos nucleótidos, enquanto que os seus produtos proteicos são surpreendentemente apenas 83% idênticos (45 diferenças em 254 resíduos de aminoácidos). Esta conservação comparativamente baixa a nível proteico pode aludir a funções diferentes para estes dois grupos de genes *MPF2-like.*

Identificador	Espécies	Tipo MPFl		Tipo MPF2	
		Código genético	# clones	Código genético	# clones
T 001	*Tubocapsicum anomalum*	TAA101	7	TAB201_1	8
		TAB101	9	TAB201_2	14
W001	*Withania aristata*	WAA101_1	3	WAA201_1	3
		WAA101_2	10	WAA201_2	3
		WAB101	1	WAB201_1	3
				WAB201_2	8
W002	*Withania coagulans*	WCA102_1	3	WCA202_1	2

		WCA102_2	2	WCA202_2	15
		WCA102_3	10	WCB202	3
				PWC202_b	5
W003	*Withania frutescens*	WFA103_1	1	WFA203	4
		WFA103_2	2	WFB203_1	8
		WFA103_3	12	WFB203_2	2
		WFB103	2	PWF203_a	3
W004	*Withania riebeckii*	WRA104_1	1	WRA204_1	2
		WRA104_2	10	WRA204_2	4
				WRB204_1	9
				WRB204_2	2
W005	*Withania riebeckii*	WRA105_1	1	WRA205_1	3
		WRA105_2	10	WRA205_2	4
				WRB205	6
				PWR205_b	2
W006	*Withania somnifera*	WSA106_1	1	WSA206_1	3
		WSA106_2	10	WSA206_2	4
				WSB206	6
				PWS206_b	2
W007	*Withania somnifera*	WSA107	9	WSA207_1	3
		WSB107	3	WSA207_2	4

				WSB207_1	1
				WSB207_2	10
W008	*Withania somnifera*	WSA108_1	1	WSA208_1	1
		WSA108_2	2	WSA208_2	4
		WSA108_3	2	WSB208_1	4
		WSA108_4	2	WSB208_2	3
W009	*Withania sp.*	WPA109_1	2	WPA209	2
		WPA109_2	2	WPB209_1	3
		WPA109_3	2	WPB209_2	3
				WPB209_3	4
W010	*Withania sp.*	WPA110_1	1	WPA210	6
		WPA110_2	9	WPB210_1	7
		WPB110_1	1	WPB210_2	4
		WPB110_2	2		
W011	*Withania sp.*	WPA111	12	WPA211_1	3
		WPB111	1	WPA211_2	2
				WPB211_1	8
				WPB211_2	2
W012	*Withania somnifera*	WSA112_1	2	WSA212_1	3
		WSA112_2	8	WSA212_2	4
				WSB212_1	8

				WSB212_2	2
W013	*Withania frutescens*	WFA113_1	2	WFA213_1	3
		WFA113_2	1	WFA213_2	2
		WFA113_3	9	WFA213_3	2
		WFB11	2	WFB213	5
				PWF213_b	3

Tabela 3.3: Lista de taxa e genes utilizados na análise filogenética. A fonte das espécies é dada na Tabela 3.1 e Suppl. Tabela 1 (Hu e Saedler, 2007). Os clones *MPF1-like* e *MPF2-like* são abreviados como 1 e 2, respetivamente. P em clones *MPF2-like* representa produtos de pseudogenes, com pelo menos 1 códon de paragem prematuro na sua sequência.

3.2.2 Tubocapsicum perdeu os genes *MPF2-like-A*

Embora mais de 20 clones de cDNA *MPF2-like* tenham sido isolados e sequenciados de Tubocapsicum, apenas os genes *MPF2-like-B* puderam ser identificados, indicando que os genes *MPF2-like-A* podem estar ausentes no genoma (Tabela 3.3). A experiência de Southern blotting verificou esta suposição (Fig. 3.5). Nas espécies de Withania, foi detectado um sinal de hibridação se sondado com um cDNA do gene *MPF2-like-A* de Withania, enquanto não se obteve tal sinal com DNA genómico de Tubocapsicum.

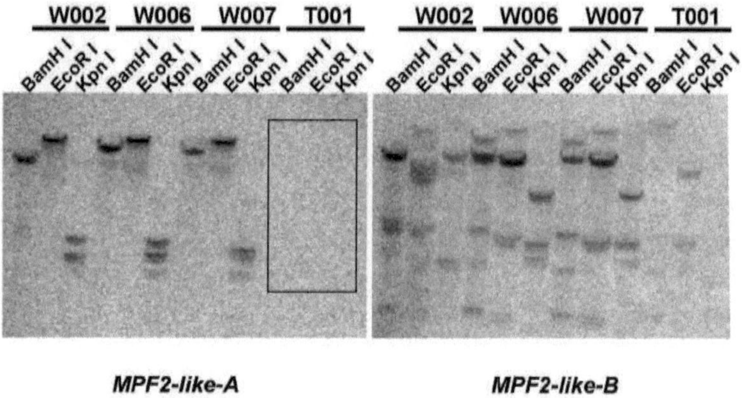

Figura 3.5 Análise de Southern blot de genes *do tipo MPF2* em Withaninae

Os DNAs genómicos de W002, W006, W007 e T001 foram digeridos com as enzimas de restrição indicadas acima e foram hibridizados com sondas de genes específicos das regiões C-terminais de *MPF2-like-A* e *MPF2-like-B* de W006, respetivamente. A caixa destaca os sinais em falta em Tubocapsicum sondados com genes *MPF2-like-A*.

Isso indicou explicitamente uma perda do gene *MPF2-like-A* em Tubocapsicum (Fig. 3.5). Para o gene *MPF2-like-B* o cenário foi alterado. Pelo menos um, mas frequentemente mais sinais foram visíveis em experiências de hibridização Southern. Como esperado para uma espécie poliploide, múltiplos alelos podem estar presentes no genoma. No entanto, a intensidade dos sinais *do MPF2-like-B* em Tubocapsicum foi fraca. Isso pode ser explicado em termos da especificidade da sonda. A sonda para *MPF2-like-B* foi concebida na região altamente específica que compreende o C-terminal e o 3-' UTR do gene *WSB206*. Consequentemente, era naturalmente previsível um sinal fraco no ADN do Tubocapsicum.

Após o isolamento de diferentes grupos de genes *MPF1-like* e *MPF2-like* dos Withaninae, o próximo passo diz respeito à relação filogenética das espécies envolvidas.

3.2.3 Reconstrução da árvore filogenética

Como o *MPF2-like-A* está ausente em Tubocapsicum, apenas as sequências *do MPF2-like-B* foram usadas nas seguintes reconstruções de árvores filogenéticas. Sequências concatenadas de DNA dos marcadores de cloroplasto *atpB* e *matK* e as sequências nucleares de cDNA dos genes *MPF1-like-B* e *MPF2-like-B* foram usadas de *W. aristata* (W001), *W. coagulans* (W002), *W. frutescens* (W013), *W. riebeckii* (W004), *W. somnifera* (W006) e *T. anomalum* (T001) com *Iochroma australe* como grupo externo. Na figura 3.6 é apresentada uma árvore de ligação entre vizinhos.

Os altos valores de bootstrap minam a ramificação que coloca Tubocapsicum na posição basal em relação às espécies de Withania. Ambas as espécies das Canárias, isto é, *W. frutescens* e *W. aristata*, são irmãs uma da outra. Estas duas espécies de plantas são também auto-incompatíveis. As morfologias do cálice nas fases de floração e frutificação já foram explicadas em secções anteriores (ver secção 3.1). Enquanto 3 das 5 espécies de Withania partilham um ICS aberto, em *W. somnifera* e em *W. coagulans* observa-se um ICS fechado clássico.

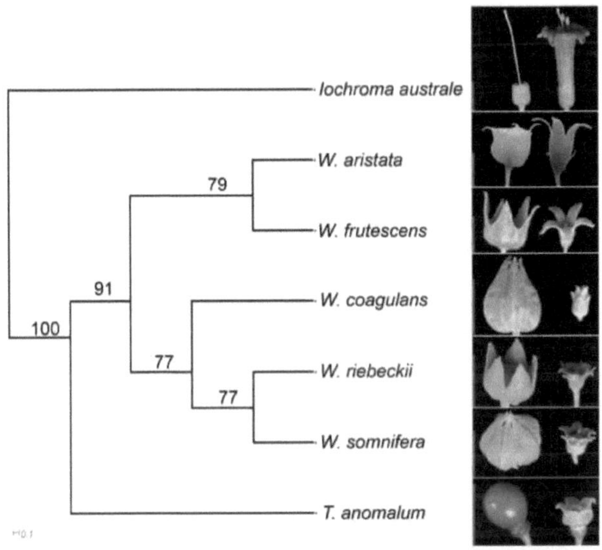

Figura 3.6 Análise filogenética de Withaninae. Uma árvore de junção de vizinhos de 5 espécies de Withania e 1 de Tubocapsicum, baseada em sequências concatenadas de *matK*, *atpB*, *MPF1-like-B* e *MPF2-like-B*, foi estabelecida usando *Iochroma australe* como grupo externo. Os pormenores são descritos em Materiais e Métodos. As morfologias dos cálices nas fases de flor e fruto estão incluídas. A barra de escala é apresentada como linha vertical vermelha com cálice frutífero. Barra = 1cm. A barra horizontal indica a taxa de substituição. Os valores de bootstrap são apresentados acima dos ramos.

Os dois tipos de ortólogos do *MPF2-like*, os genes *MPF2-like-A* e *MPF2-like-B*, podem ser facilmente distinguidos nos seus alinhamentos de proteínas.

3.2.4 A estrutura da proteína MPF2-like divergiu em proteínas MPF2-like-A e MPF2-like-B

A Figura 3.7 mostra um alinhamento do MPF2 de *Physalis floridana*, dos seus ortólogos STMADS16 de *Solanum tuberosum*, MPF2-like-A e MPF2-like-B de *Withania somnifera* e MPF2-like-B de *Tubocapsicum anomalum*. São apresentados dois clones de cDNA de Withania e Tubocapsicum cada, revelando a heterozigotia em cada gene destas plantas.

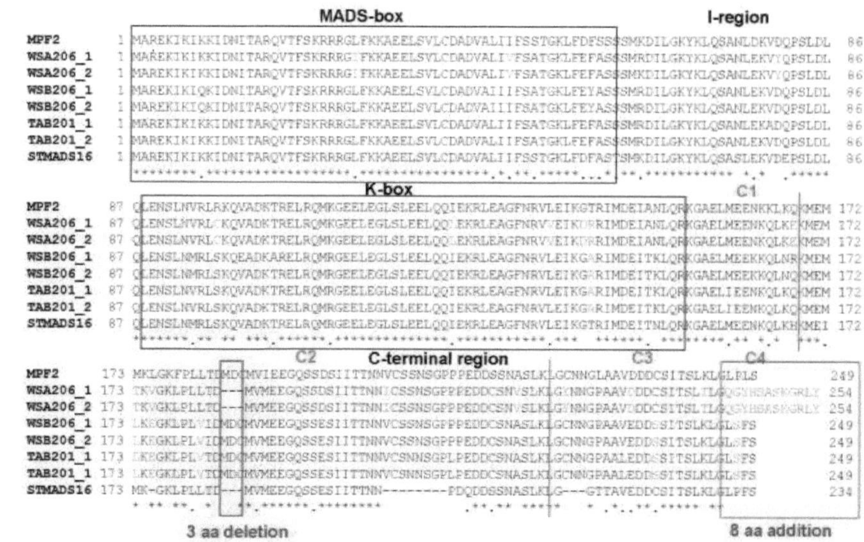

Figura 3.7: Comparação estrutural de sequências semelhantes a MPF2. Comparações de sequências de aminoácidos deduzidas de proteínas do tipo MPF2. Os quatro domínios das proteínas MADS-box estão indicados acima das sequências. Os aa a azul indicam as posições dos aminoácidos especializados da WSA206; a azul e a negrito estão indicadas as posições dos aminoácidos selecionados positivamente, detectadas com a análise PAML (análise filogenética por máxima verosimilhança); os aa a rosa marcam os aminoácidos especializados da WSB206 que são diferentes dos da STMADS16; as linhas verdes marcam os limites dos exões da região C-terminal; as caixas vermelhas marcam as duas alterações estruturais significativas, a supressão de 3aa e a adição de 8aa na WSA206.

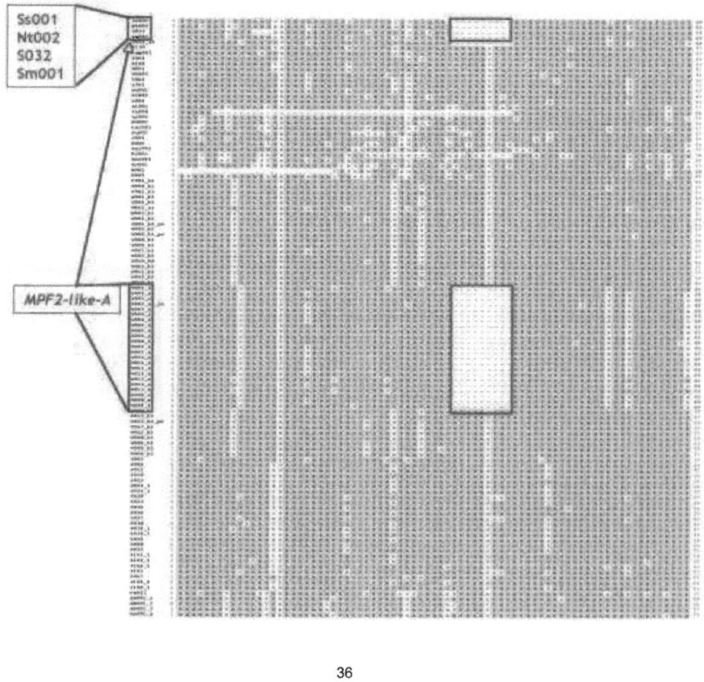

Figura 3.8: Matriz de dados com alinhamentos ClustalW da região C-terminal dos genes *MPF2-like*. A caixa vermelha indica os 9 nucleótidos em falta (3aa) nos genes *MPF2-like-A*, bem como nos genes Ss001 (*Solanum sisymbriifolium*), Nt002 (*Normania triphylla*), S032 (*Solanum tuberosum*) e Sm001 (*Solanum macrocarpon*).

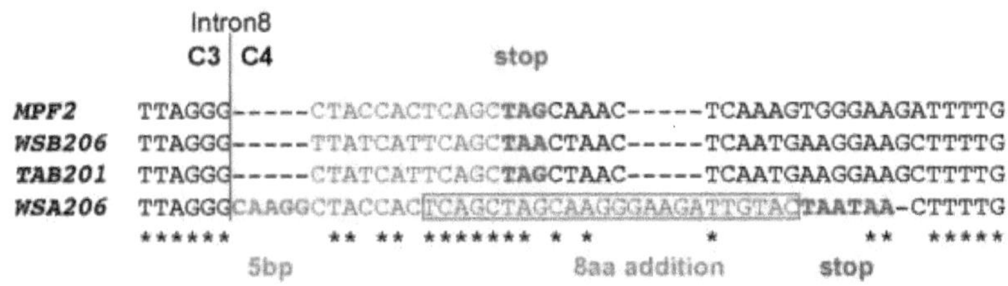

Figura 3.9 A adição de 8 aa específica do MPF2-like-A pode ser devida a um frameshift. Alinhamentos de nucleótidos no 3º e 4º exões da região C-terminal dos genes *MPF2-like* e *MPF2*. C3 e C4 são os exões e a linha vertical cor-de-rosa demarca o exão C3 do intrão 8. As letras vermelhas indicam os codões de paragem. A inserção de 5 pb (CAAGG) é mostrada em letras verdes. A caixa verde inclui os 24 nucleótidos ou a adição de 8aa no *WSA206*.

Embora existam trocas de aminoácidos na MADS-box, na região I e na K-box, as duas diferenças mais proeminentes em relação à MPF2 restringem-se à região C-terminal. Nas proteínas MPF2-like-A, ocorreu uma deleção de 3 aminoácidos no segundo exão (indicado pela caixa vermelha). No entanto, esta deleção não é específica para as proteínas MPF2-like-A. Ela já é encontrada em STMADS16 e em outras proteínas MPF2-like de Solanum (Fig. 3.8), incluindo Ss001 (*Solanum sisymbriifolium*), Nt002 (*Normania triphylla*) e Sm001 (*Solanum macrocarpon*). A outra alteração notável ocorreu no final da região C-terminal, que é o exão 4th da região C-terminal. Na extremidade carboxi terminal, após uma diversidade de sequência de 4 aminoácidos, observa-se uma extensão de 8 aminoácidos (todos incluídos na caixa vermelha). Por conseguinte, esta alteração pode ser interpretada como uma adição de 8 aa. Esta adição de 8 aa é específica da proteína MPF2-like-A e é a marca registada desta proteína. Além disso, foram comparadas as sequências de ácidos nucleicos dos exões 3rd e 4th, bem como a região 3' não traduzida (3' UTR). Claramente, uma inserção de 5 pb de comprimento (CAAGG) resultou no desvio da estrutura de leitura, alterando assim a posição do códão de paragem (Fig. 3.8). Para além destas duas alterações dramáticas, foram encontradas outras alterações discerníveis na região 3' UTR.

Embora também tenham sido detectadas alterações visíveis nas proteínas do tipo MPF1 no fragmento obtido, estas alterações não foram tão marcantes como nas proteínas do tipo MPF2 (dados não apresentados).

3.2.5 As estruturas genéticas dos genes *do tipo MPF2* mantêm-se em grande parte

Para definir a diversificação das estruturas exon-intron dos genes *MPF2-like*, foram comparadas as sequências genómicas de dois representantes dos Withaninae, incluindo *T. anomalum* (T001) e *W. somnifera* (W006) com *MPF2* de *P. floridana* como referência (Fig. 3.10). Todos os loci genómicos *MPF2-like* testados compreendem um exão da MADS-box, um exão da I-region, 3 exões da K-box e 4 exões da região C-terminal com 8 intrões a separá-los. A Fig. 3.10 demonstra que as estruturas genéticas dos 4 grupos de genes se mantiveram basicamente com alguma variabilidade nos comprimentos dos exões e dos intrões. Por exemplo, o comprimento dos exões mostra apenas as alterações descritas acima relativamente à supressão de 3 aa e a uma adição de 8 aa nos genes *MPF2-like-A*. No entanto, o comprimento dos intrões varia consideravelmente. Os primeiros intrões de *WSA206*, *MPF2*, *WSB206* e *TAB201* têm 2565, 2158, 1820 e 3617 pares de bases, respetivamente. Notavelmente, o segundo intrão de *WSA206* (1043 pb) é muito mais longo do que o de *WSB206* (422 pb) e *TAB201* (422 pb), mas semelhante ao *de MPF2* (832 pb). *O WSA206* tem um intrão 3rd muito mais curto (922pb) do que todos os outros intrões (cerca de 1,5kb). Os outros intrões também mudaram um pouco.

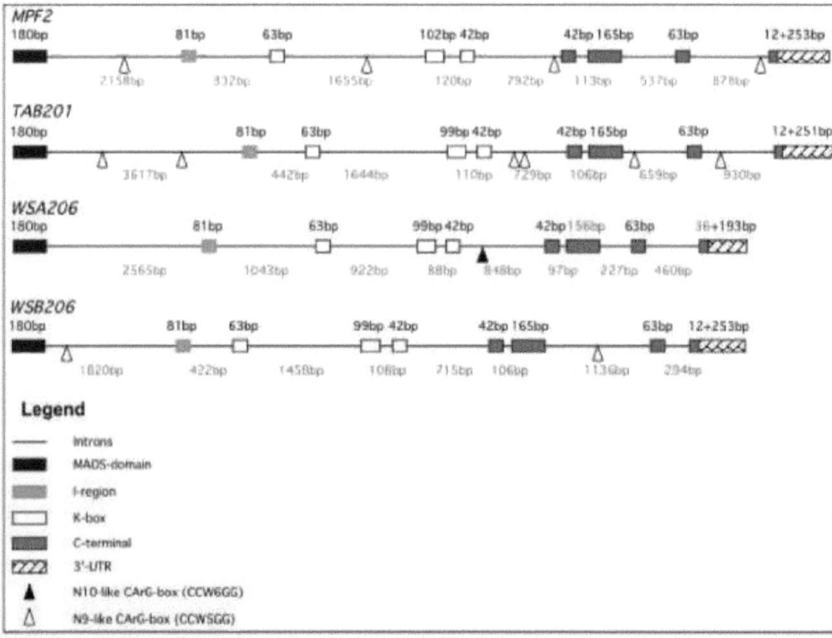

Figura 3.10 Estruturas exão-intrão dos genes *do tipo MPF2*
Os números acima das linhas indicam o comprimento do exão, enquanto os números abaixo da linha indicam o comprimento do intrão. O número vermelho 156bp no gene *WSA206* indica a deleção de 9bp (3 aminoácidos) na região C-terminal e o número vermelho 36 simboliza uma adição de 24bp (8 aminoácidos) no final da região C-terminal deste gene. A legenda também é apresentada.

Essencialmente, na extremidade do terminal carboxi, após uma supressão de 3 aminoácidos, observa-se uma extensão de 8 aminoácidos. Estas duas caraterísticas estruturais são caraterísticas dos *genes MPF2-like-A* de espécies de Withania. Em princípio, ambos os genes *MPF2-like* poderiam ser responsáveis pela formação de ICS em Withania. No entanto, a não existência de deleção de 3aa e extensão de 8aa sugere que *o MPF2- like-B* parece estar mais relacionado ao *MPF2*, o que, por sua vez, também pode sugerir equivalência funcional. As análises filogenéticas destes dois grupos de genes podem fornecer mais informações sobre a diferenciação destes dois grupos de genes nos Withaninae.

3.2.6 Os genes *do tipo MPF2* duplicaram-se provavelmente devido à duplicação do genoma

Para revelar a história evolutiva dos genes *MPF1-like* e *MPF2-like* em Solanaceae, foi utilizada a análise de rede de vizinhos. Uma amostra mais ampla de sequências de cDNA *MPF2-like* de várias Solanaceae (Hu e Saedler, 2007) mais os 10 acessos de 5 espécies de Withania, 3 espécies não identificadas de Withania e 1 acesso de *Tubocapsicum anomalum* (Tabela 3.3) foram submetidos à análise de rede de vizinhos. Dois grupos de genes *MPF2-like* são observados em Withania, contendo genes *MPF2-like-A* ou *MPF2-like-B*, respetivamente, e estão marcados em azul e vermelho na Fig. 3.11.

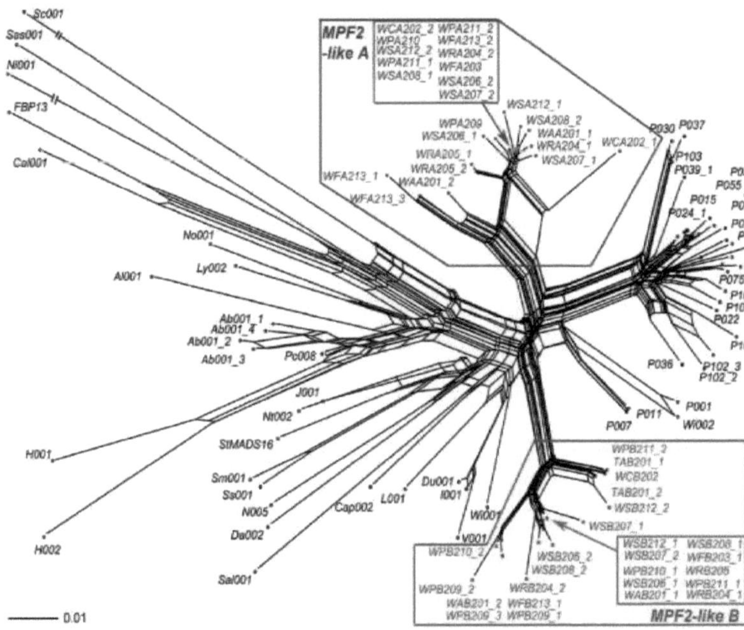

Figura 3.11 Redes filogenéticas de genes *MPF2-like* de Solanaceae. Os genes são apresentados usando identificadores de espécies (Hu e Saedler, 2007), exceto para os genes Withaninae (Tabela 3.3). Os genes *MPF2-like-A* estão em caixa azul e os genes *MPF2-like-B* em caixa vermelha. A barra representa 1% de taxa de mutação.

Cada um dos grupos de genes apresenta 3 subgrupos. Estes podem refletir duplicações de genes ou alelos muito diversos presentes nas espécies correspondentes. Por exemplo, *Withania aristata* contém 2 genes *MPF2-like-A* bem separados (*WAA201-1* e *WAA201-2*), *W. frutescens* apresenta *WFA213-1/3* e *WFA213-2* e *W. coagulans* contém *WCA201-1* e *WCA201-2*. Os clones múltiplos de outras espécies tendem a agrupar-se e, por conseguinte, a sua diversidade pode representar alelos diferentes. No grupo do gene *MPF2-like-B*, a situação é semelhante. Poderão ter ocorrido duplicações em *W. aristata* (W001) e *W. coagulans* (W002), mas também em *W. sp.* (W010 e W011) e no acesso W012 de *W. somnifera*, enquanto nas outras espécies se observa novamente um agrupamento. Todos os *MPF2-like-A* dos quatro acessos *de W. somnifera* agrupam-se, tal como 7 dos 8 genes *MPF2-like-B*, sugerindo que a diversidade observada nesta espécie reflecte muito provavelmente diferentes alelos.

Uma rede filogenética semelhante foi observada com as sequências de cDNA *MPF1-like* (Tabela 3.3). Mais uma vez foram observados 2 grupos bem separados, *MPF1-like-A* e *MPF1-like-B*, nos Withaninae (Fig. 3.12), no entanto, ao contrário do caso dos genes *MPF2-like*, Tubocapsicum também contém genes *MPF1-like-A* e *MPF1-like-B*.

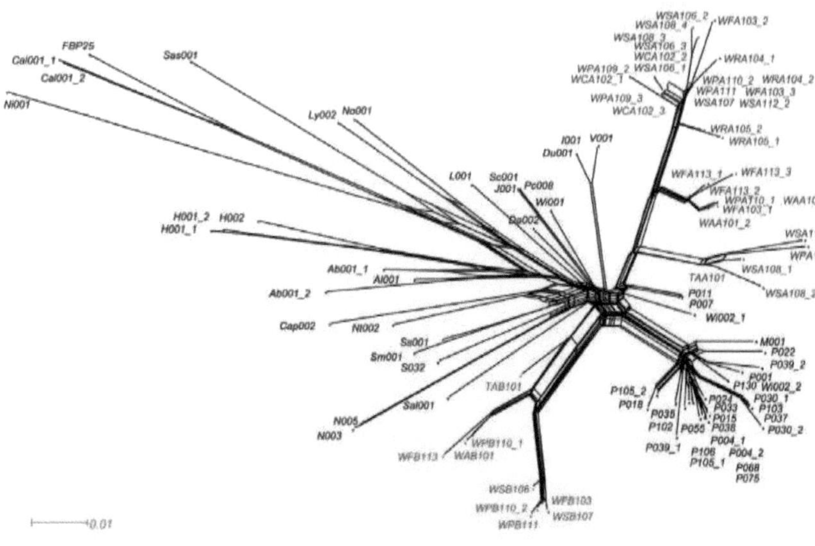

Figura 3.12 Rede filogenética de genes *MPF1-like* de Solanaceae. É mostrada a rede filogenética dos genes *MPF1-like* de Solanaceae. Os genes são apresentados usando identificadores de espécies (Hu e Saedler, 2007), exceto para os genes Withaninae (Tabela 3.3). Os genes *MPF1-like-A* estão em azul e os genes *MPF1-like-B* em vermelho. A barra representa 1% de taxa de mutação. Observe os genes *MPF1-like-A* e *MPF1-like-B* em Tubocapsicum.

Este agrupamento sugeriu claramente a duplicação ou diversificação dos genes *MPF2-like* de Withania. Esta duplicação foi muito provavelmente devida à duplicação do genoma, uma vez que se provou que *Withania* e Tubocapsicum são tetraplóides.

Como Tubocapsicum não apresenta ICS e perdeu o gene *MPF2-like-A*, pode-se levantar a hipótese de que *MPF2-like-A*, dadas as peculiaridades de sua sequência de aminoácidos em sua região C-terminal, parece ser responsável pela formação de ICS em Withania. Se assim for, isto pode indicar que as duas proteínas estiveram sob diferentes pressões de seleção.

3.2.7 As proteínas MPF2-like-A são selecionadas positivamente durante a evolução

Para examinar se as proteínas do tipo MPF2 estão sujeitas a uma seleção darwiniana positiva, foi realizado um teste estatístico baseado na filogenia. A seleção darwiniana foi estudada anteriormente em vários casos (Pogson e Mesa, 2004; Spillane et al., 2007, Des Marais e Rausher, 2008). Portanto, a evolução direcional das proteínas MPF2-like-A e MPF2-like-B foi testada em Withaninae e as proteínas MPF2-like em Physalis. Uma vez que as proteínas MPF2-like de Iochroma, Dunalia, Vassobia, *Solanum tuberosum* e *Solanum macrocarpon* são basais tanto para as proteínas de Withaninae como para as de Physalis, foram tomadas como pró-ortólogas (Bielawski e Yang, 2004) e os cálculos foram efectuados de acordo com Yang e Bielawski (2000).

Foram utilizados modelos de ramificação para verificar se podiam ser detectados diferentes o-ratios ao longo de diferentes linhagens na filogenia, o que poderia sugerir diferentes pressões de seleção em genes específicos de linhagens após a duplicação. Foi utilizado o modelo M0 e o modelo de rácio livre com rácios O de 1, 2 e n (o número total de linhagens). Um modelo de duas razões que definiu uma única razão-o para os ramos que conduzem às proteínas MPF2-like-A (sugerindo uma função diversificadora), e uma segunda razão-o para todas as outras linhagens, incluindo também os pró-ortólogos (assumindo a conservação funcional), forneceu um ajuste significativamente melhor para os dados do que o modelo de uma razão com uma única razão-o para a filogenia completa (P=0,003). Outro modelo de duas razões que assumiu apenas genes *MPF2-like-B* com diversificação funcional não foi melhor do que o modelo de uma razão (P>0,1).

Os resultados sugerem que o ramo que conduz às proteínas MPF2-like-A em Withaninae e às proteínas MPF2-like em Physalis parece ter estado sob seleção diversificadora positiva (destacada a vermelho e a negrito, Fig. 3.13), enquanto todos os outros ramos, incluindo o que conduz às proteínas MPF2-like-B, estão sob seleção purificadora.

A seleção positiva das proteínas MPF2-like de Physalis e MPF2-like-A de Withania está correlacionada com a formação de ICS em ambos os géneros.

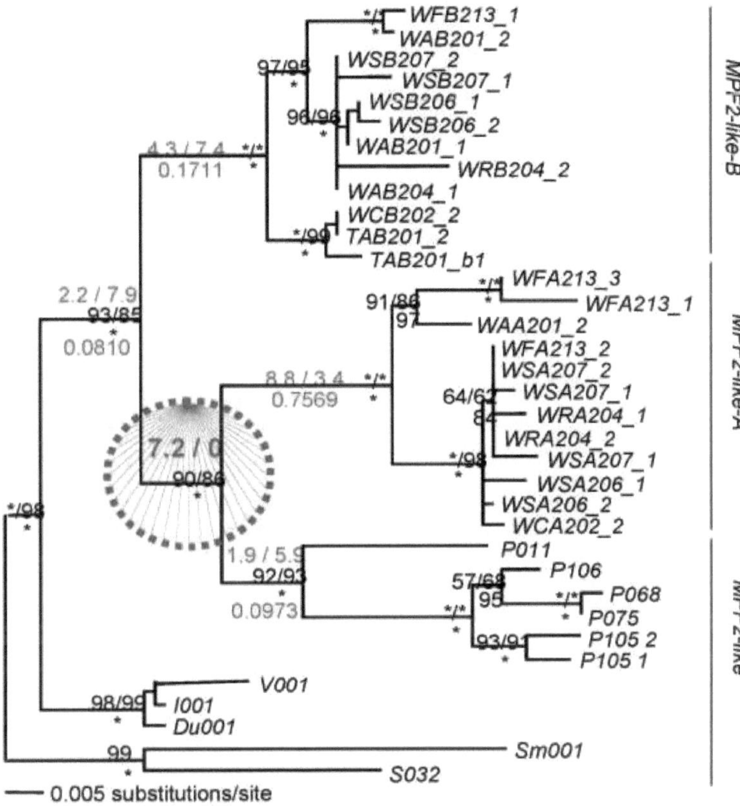

Figura 3.13 Seleção darwiniana de proteínas do tipo MPF2 em Physalinae
Os números acima dos ramos principais da árvore ML não enraizada são médias de alterações não sinónimas e sinónimas, enquanto <>> = valores dN/dS são dados abaixo dos ramos. ro>1, seleção positiva; ro=1, sem seleção; <>)<!, seleção purificadora. Os números destacados em negrito no círculo pontilhado indicam o ramo subjacente à seleção darwiniana positiva. Os valores de bootstrap para MP, ML e valores de probabilidade Bayesiana posterior dos ramos principais foram de 85%. * indica o valor da probabilidade posterior bayesiana.

3.13.8 Identificação de posições de aminoácidos sob seleção positiva

Uma vez que as proteínas do domínio MADS têm 4 domínios importantes que apresentam diferentes capacidades na função da proteína, foi testado se ocorreu uma seleção positiva em determinados domínios e/ou em determinadas posições de aminoácidos ao longo das proteínas do tipo MPF2. A análise filogenética por máxima verosimilhança (PAML) sugeriu que 5 posições de aminoácidos foram selecionadas positivamente (ver Fig. 3.7 alinhamento da sequência de proteínas). Estas incluíam a posição #28 (I) na MADS-box, #126 (L), #138 (V) e #143 (R) na K-box e #234 (D) da região C-terminal (ver letras a negrito na Fig. 3.7). Esta análise estatística pode fornecer provas da seleção positiva, mas não é capaz de esclarecer o seu mecanismo. No entanto, a identificação dos locais de aminoácidos susceptíveis de estarem envolvidos na seleção positiva fornece pistas para investigações laboratoriais.

Estes resultados sugerem que a seleção positiva se restringiu principalmente à caixa K das proteínas MPF2-like, para além de alguma seleção na caixa MADS e na região C-terminal. Além disso, a deleção de 3aa e a adição de 8aa podem muito provavelmente também contribuir para a divergência funcional dos genes duplicados.

3.13.9 Seleção darwiniana divergente de proteínas do tipo MPF1

Não foram encontradas diferenças significativas entre as proteínas MPF1-like pós-duplicação através da comparação do modelo de razão única com um modelo de razão livre (P=0,3827). Isto indicou que não havia razão para rejeitar a hipótese nula de que as proteínas MPF1-like evoluíram a taxas constantes ao longo das linhagens. No entanto, foi observado um padrão altamente divergente de pressão de seleção nas proteínas do tipo MPF1 através de análises específicas de linhagens de alterações não sinónimas versus sinónimas através do modelo de razão livre para as proteínas do tipo MPF1 (Fig. 3.14). Ao contrário das proteínas MPF2-like, onde a seleção positiva darwiniana actuou principalmente na linhagem que conduziu às proteínas MPF2-like-A de Withania e MPF2-like de Physalis, nesta análise a seleção positiva darwiniana foi detectada em várias linhagens profundas, por exemplo, o ramo que conduziu às proteínas MPFl-like-A e MPFl-like-B. O rácio rn para cada ramo mudou drasticamente. Ao contrário das proteínas MPF2-like, a linhagem que consiste nas proteínas Iochrominae *MPFl-like* tem um rácio rn variável após a separação do seu antepassado comum. Portanto, as proteínas do tipo MPF1 aparentemente evoluíram de uma maneira muito diferente em comparação com as do tipo MPF2 após a duplicação.

Uma vez que as proteínas MPF2-like-A foram selecionadas positivamente durante a evolução dos Withaninae, a expressão deste gene também pode ser diferente em comparação com a do MPF2-like-B.

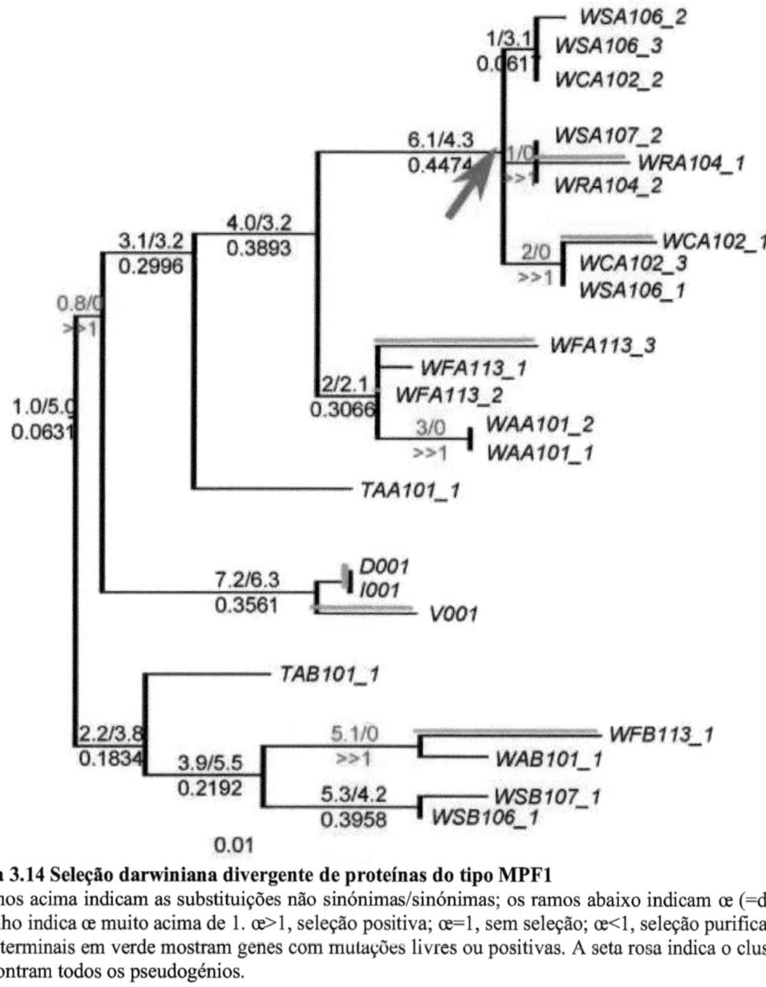

Figura 3.14 Seleção darwiniana divergente de proteínas do tipo MPF1

Os ramos acima indicam as substituições não sinónimas/sinónimas; os ramos abaixo indicam œ (=dN/dS); a vermelho indica œ muito acima de 1. œ>1, seleção positiva; œ=1, sem seleção; œ<1, seleção purificadora. Os ramos terminais em verde mostram genes com mutações livres ou positivas. A seta rosa indica o cluster onde se encontram todos os pseudogénios.

3.2.10 Os genes *MPF2-like-A* e *MPF2-like-B* têm padrões de expressão diferentes

Para analisar a divergência funcional dos genes *MPF2-like* após a duplicação, os padrões de expressão temporal dos transcritos dos genes *MPF2-like* foram determinados por análise RT-PCR (Fig. 3.15). Todos os genes *MPF2-like* foram fortemente expressos em tecidos foliares, independentemente do estágio de desenvolvimento. Os sinais de transcrição de *Dunalia* e *Iochroma* não foram detectáveis nos tecidos florais em diferentes estádios de desenvolvimento, enquanto a expressão do gene *Vassobia* foi fraca nos botões florais jovens e desapareceu mais tarde nas flores mais desenvolvidas. Estes padrões de expressão são comparáveis a relatórios publicados anteriormente por Hu e Saedler (2007).

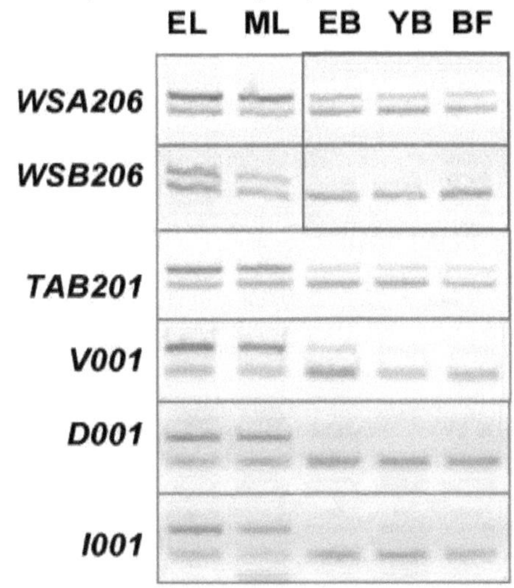

Figura 3.15 Análise RT-PCR de genes *semelhantes a MPF2*

A RT-PCR dos genes é indicada em vários tecidos das respetivas plantas: EL, folhas recém-desenvolvidas (<1cm); ML, folhas maduras; EB, botões florais precoces antes da egressão; YB, botões florais jovens, pré-antese; BF, flores em floração, antese. A banda superior mostra a expressão do gene *MPF2-like*, a banda inferior serve de controlo e representa o ARN 18S. A caixa vermelha destaca a expressão específica de *WSA206* na flor e a ausência de expressão de *WSB206* na flor.

É digno de nota que os genes *WSA206* também foram universalmente expressos nos tecidos das flores em diferentes estágios de desenvolvimento. Mas, surpreendentemente, a expressão dos genes *WSB206* quase não foi detetável na flor em qualquer fase. No entanto, aumentando os ciclos de PCR para 35, sinais muito fracos de transcrições *WSB206* puderam ser detectados na flor. Ao contrário da expressão do gene *MPF2-like-B* de Withania, o *TAB201* de Tubocapsicum foi universalmente expresso nos tecidos da folha e da flor. Uma vez que não foi possível detetar nenhum sinal para o gene *TAA201* na experiência de Southern blotting, não foi surpreendente que nenhum transcrito *de TAA201* pudesse ser detectado sem ambiguidade. Estes resultados revelou que a expressão de *WSB206* está confinada apenas às folhas, enquanto *WSA206* é fortemente expressa em ambos os tecidos da folha e da flor.

A comparação das sequências de cADN, das sequências de aminoácidos, das estruturas dos genes e dos padrões de expressão demonstrou que existem dois grupos diferentes de genes em *Withania.* Dada a expressão restrita do *WSB206* em comparação com o *WSA206* e a diferença estrutural das suas proteínas, poder-se-ia sugerir fortemente que também diferem em termos de funcionalidade.

3.15.11Diferenciação funcional das proteínas MPF2-like-A e MPF2-like-B

Anteriormente, foi demonstrado que a sobre-expressão dos genes *MPF2* e *STMADS16* em Arabidopsis leva ao aumento do crescimento de sépalas secundárias apenas na presença da aplicação externa de citocininas, enquanto as proteínas MPF2-like não requerem a aplicação de hormonas externas para gerar o crescimento de sépalas secundárias (He e Saedler, 2007). Para elucidar a diferenciação funcional das proteínas MPF2-like, WSA206 e WSB206 de *W. somnifera* e TAB201 de *T. anomalum,* portanto, foram superexpressas em *Arabidopsis thaliana* usando o promotor CaMV.

A eficiência da transformação das plantas foi muito elevada em todas as construções, incluindo a construção do vetor vazio (tipo selvagem). A presença do transgene foi confirmada por análise RT-PCR no cDNA feito após a extração do RNA das plântulas transgénicas de Arabidopsis. A presença de um produto de PCR de 680 pb na Fig. 3.16 em todas as linhas de plantas transgénicas para os genes correspondentes (*WSA206*, *WSB206*, *TAB201*) verificou a sua natureza transgénica. Na fase de floração, as plantas transgénicas foram comparadas entre si e com plantas do tipo selvagem para observar as diferenças nos fenótipos relativos ao desenvolvimento da inflorescência, da flor e do fruto (Fig. 3.17A-C).

3.15.12O sobre-expressor *MPF2-like-A* mimetizou o fenótipo *35S:AGL24*

As plantas transformadas com genes *WSA206* em ambos os vetores, ou seja, PXCS-mYFP e pBAR-A, manifestaram alterações fenotípicas muito óbvias. A alteração fenotípica mais espetacular foi o enorme crescimento de sépalas secundárias na flor (Fig. 3.17A). As plantas transgénicas obtidas a partir da transformação *35S:WSA206* marcadas com e/ou sem YFP apresentaram um aumento do crescimento das sépalas. No entanto, a eficiência fenotípica das sépalas aumentadas foi superior (24%) nas plantas, no caso do gene *WSA206* marcado com YFP, em comparação com 11% sem YFP. Juntamente com o aumento de tamanho, as sépalas tornaram-se persistentes, indicando perda de abscisão na zona de abscisão da flor ou no recetáculo. A perda de abscisão pode, por sua vez, ser necessária para evitar que as sépalas caiam e, eventualmente, facilitar o crescimento das sépalas.

Além disso, as sépalas tornaram-se mais carnudas e curvadas para dentro na ponta, formando uma estrutura semelhante a uma lanterna (Fig. 3.17A,L). Os tricomas ramificados deram às sépalas um aspeto típico de folha. Estes fenótipos imitaram o sobre-expressor *35S:AGL24* em Arabidopsis (He e Saedler, 2007). Mas é um pouco diferente do sobre-expressor *AGL24* por não ter uma flor secundária nas axilas dos estames (Fig. 3.17I,J). O enorme crescimento das sépalas parece estar a pressionar os órgãos nas espirais interiores, particularmente as pétalas (Fig. 3.17E).

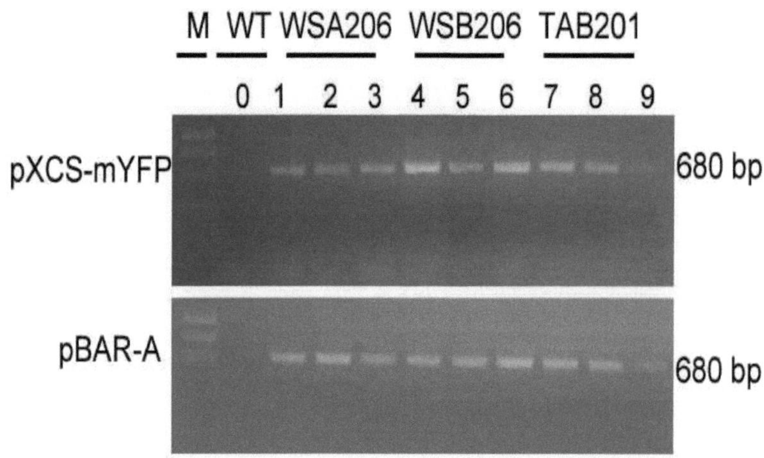

Figura 3.16 Confirmação de transgenes *MPF2-like* em plântulas de Arabidopsis por análise RT-PCR
O painel superior mostra a análise RT-PCR de plântulas de plantas transgénicas geradas pelo vetor backbone PXCS-mYFP. O painel inferior representa a RT-PCR para plantas transgénicas com o vetor pBAR-A. Os números (1-9) indicam as linhas transgénicas utilizadas (em ambos os suportes vectoriais) para a análise RT-PCR. O 0 simboliza as plantas de tipo selvagem. O marcador é denotado por M e os três genes *WSA206*, *WSB206* e *TAB201* são apresentados acima das linhas transgénicas correspondentes.

Para além do aumento do crescimento das sépalas, os transformantes de Arabidopsis *35S:WSA206* apresentaram outras alterações fenotípicas na forma da inflorescência e do fruto. Entre estes, um fenótipo interessante foi o enorme aumento do comprimento do pedicelo que suporta a inflorescência (Quadro 3.4). Foi registado um comprimento máximo de 21 mm e um mínimo de 16 mm nas plantas transgénicas transformadas com o gene *WSA206*. Por outro lado, *35S:WSB206* mostra apenas 11,06 mm, que é o comprimento médio próximo do comprimento dos pedicelos (10,01 mm) das plantas do tipo selvagem. No caso dos transformantes do gene Tubocapsicum, um aumento médio de 12,00 mm no comprimento do pedicelo

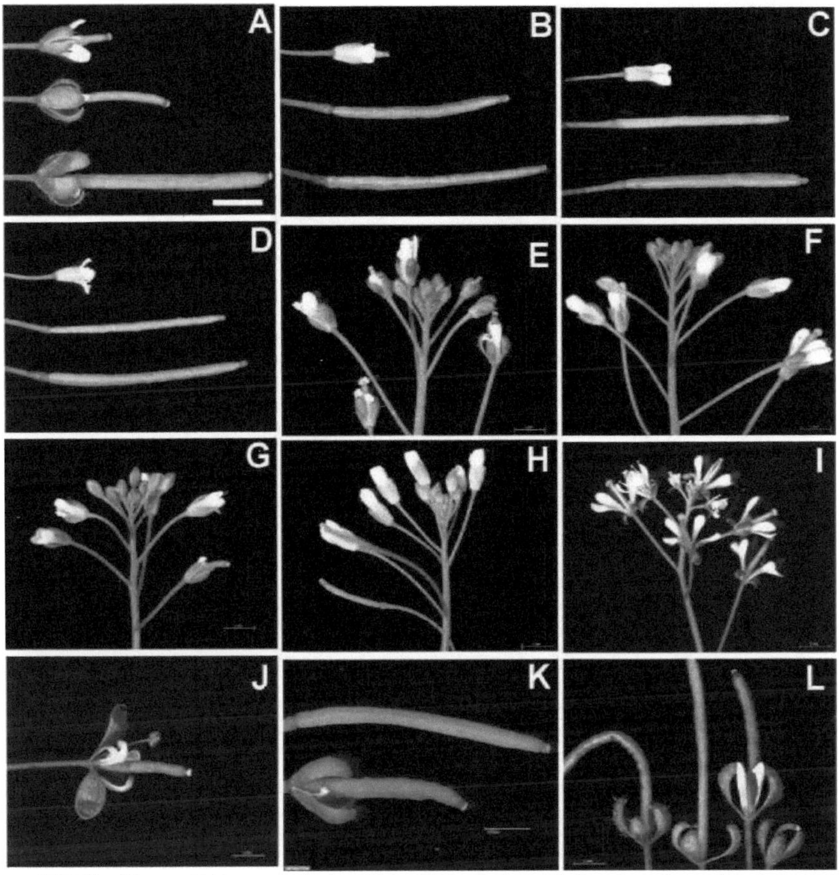

Figura 3.17 Fenótipos exibidos por plantas de Arabidopsis transgénicas transformadas com genes *do tipo MPF2*

A) *35S:WSA206* estágios iniciais, intermediários e finais da flor; B) *35S:WSB206* estágios iniciais, intermediários e finais da flor; C) *35S:TAB201* estágios iniciais, intermediários e finais da flor; D) Tipo selvagem estágios iniciais, intermediários e finais da flor; E) *35S:WSA206* inflorescência; F) *35S:WSB206* inflorescência; G) *35S:TAB201*; H) Inflorescência do tipo selvagem; I) Inflorescência *35S:AGL24*; J) Flor *35S:AGL24* com uma flor secundária nas axilas dos estames; K) Comparação de sílica de *35S:WSB206* (superior) com *35S:WSA206* (inferior); L) Comparação de sílica de transformantes *35S:WSA206*. Barra = 5 mm.

pode ser notado que, é intermediário entre os transformantes *35S:WSA206* e *35S:WSB206*.

Foi observado um grande grau de variabilidade no tamanho e forma das síliquas em plantas transformadas com a construção *35S:WSA206* (Fig. 3.17L). As síliquas tornaram-se mais curtas, mas maiores em largura. É de salientar que, nalgumas das linhas, as síliquas se tornaram extremamente pequenas e não continham qualquer semente no seu interior. Estas observações indicam que o gene *WSA206* pode contribuir parcialmente para as caraterísticas de fertilidade na flor. Além disso, a superfície das síliquas tornou-se enrugada e os sulcos eram claramente visíveis (Fig. 3.17K,L). A ponta das síliquas foi ligeiramente dobrada para formar uma estrutura semelhante a uma curva (Fig. 3.17I).

Ao contrário dos transformantes *WSA206*, não foram observadas alterações visíveis no fenótipo no caso das plantas transgénicas que expressam os genes *WSB206* ou *TAB201* (Fig. 3.17B-D). Estas plantas comportaram-se como plantas normais do tipo selvagem. Embora a persistência da sépala pudesse ser observada nestas plantas, não se verificou um aumento notável do crescimento da sépala secundária. Além disso, não foram observadas diferenças no comprimento do pedicelo, no carácter da inflorescência e no tamanho e forma dos frutos (Fig. 3.17B,C,D,F,G,H).

As folhas e sépalas das plantas transgénicas transformadas com genes *MPF2-like* foram analisadas com o Microscópio Confocal de Varrimento a Laser (LSCM) para monitorizar a intensidade e a localização dos sinais YFP. Geralmente, prevê-se que as plantas transgénicas transformadas com o gene YFP sob o promotor CaMV 35S apresentem uma forte expressão de YFP ubiquamente em todos os tecidos e células. Embora as sépalas dos transformantes *WSA206* apresentassem sinais YFP fortes no núcleo (Fig. 3.18A,B,C), os sinais nas folhas eram fracos (Fig. 3.18G,H,I). Sinais fracos também puderam ser detectados em folhas e sépalas de *35S:WSB206* (Fig. 3.18D,E,F). Mas, inesperadamente, os sinais YFP das plantas transformadas com construções de vetor vazio também eram fracamente detectáveis no núcleo.

Estes resultados demonstraram que em plantas transgénicas *35S:WSA206* são formadas sépalas alargadas e estas não caem durante o desenvolvimento do fruto. Estas caraterísticas distinguem claramente as funções dos genes *MPF2-like-A* e *MPF2-like-B* e, portanto, sugerem a sub-(neo)-funcionalização de *WSA206* e *WSB206* durante a evolução das Withaninae. Além disso, a formação de sépalas alargadas sugere que o gene *MPF2-like-A* está envolvido na formação do ICS.

Uma vez que os genes *MPF2-like* demonstram diversidade nos padrões de expressão, um estudo dos elementos de controlo reguladores pode fundamentar ainda mais a compreensão do fenómeno de sub-(neo)-funcionalização nos Withaninae.

Linhas	WT	WSA206	WSB206	TAB201
1	11	16	9	10
2	14	20	10	10
3	8	19	13	9
4	11	17	11	11
5	9	21	10	10
6	10	18	10	10
7	10	18	12	11
8	9	17	11	11
9	10	16	10	13
10	8	21	13	15
11	11	19	14	14
12	10	18	10	14
13	9	20	11	13
14	8	16	11	16
15	11	19	12	13
16	12	18	10	12
Média	10.01	18.31	11.06	12.00
St. Dev	±1.61	±1.66	±1.39	±2.06

Tabela 3.4: Medições do comprimento dos pedicelos das plantas transgénicas de Arabidopsis. O comprimento do pedicelo é medido em milímetros. WSA206, WSB206, TAB201 e WT representam as linhas de plantas transgénicas transformadas com estes genes sob o promotor 35S CaMV, juntamente com o vetor vazio como controlo do tipo selvagem. St. Dev. é o desvio padrão dos valores medidos nestas linhas transgénicas. Note-se o aumento médio do comprimento do pedicelo (18,31) no caso das linhas transgénicas *35S:WSA206*.

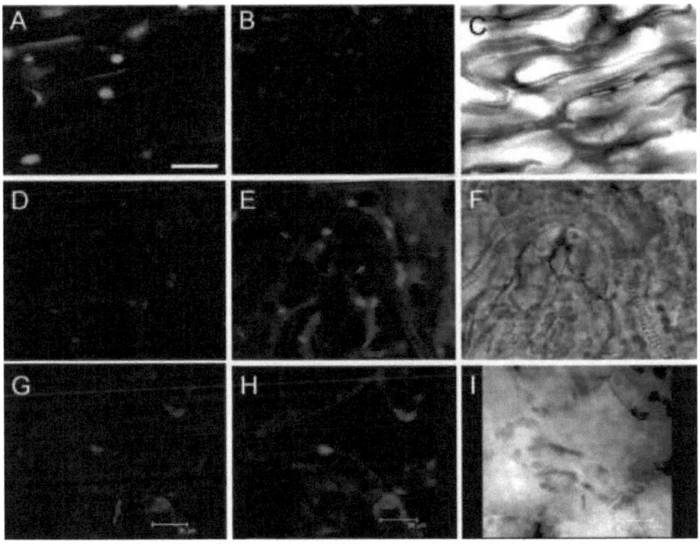

Figura 3.18: Intensidade e localização dos sinais YFP na Arabidopsis transgénica
A a C) Sépala *35S:WSA206* nos canais YFP, clorofila e branco, respetivamente; D a F) Sépala *35S:WSB206* nos canais YFP, iodeto de propídio e branco, respetivamente; G a I) Folha *35S:WSA206* nos canais YFP, iodeto de propídio e branco, respetivamente. Barra = 20 ^m.

3.3 Os elementos *cis-reguladores* dos genes *do tipo MPF2*

Na secção anterior, a análise de RT-PCR revelou que a expressão dos genes *MPF2-like-A* é fortemente detetável tanto nas folhas como nas flores, mas a expressão de *MPF2-like-B* está restrita apenas às folhas. Esta expressão diferencial de *MPF2-like-A* e *MPF2-like-B* reflecte diferenças na regulação destes genes. As alterações nos factores *cis-acting* ou *trans-acting* são responsáveis pelo aparecimento de novidades morfológicas como o ICS (He e Saedler, 2005). Assim, a análise estrutural e funcional dos elementos *cis-reguladores* (promotores e primeiros intons) dos genes *MPF2-like* facilitará uma melhor compreensão da expressão diferencial e, eventualmente, da sub-funcionalização e/ou neo-funcionalização destes genes.

3.3.1 Análise do promotor *MPF2* e *MPF2-like*

As seqüências dos promotores (16 no total) dos genes *MPF2-like-A* e *MPF2-like-B* de todas as espécies de Withania e do gene *MPF2-like-B* de *Tubocapsicum anomalum* (ver Materiais e Métodos) foram analisadas quanto à homologia da seqüência de DNA e quanto aos motivos de ligação dos fatores de transcrição usando o pacote Mulan (Ovcharenko et al., 2005). Observa-se uma homologia limitada entre os promotores dos genes *MPF2-like-A* e *MPF2-like-B* de espécies de Withania em toda a porção sequenciada (dados não mostrados). A Figura 3.19A revela a homologia da sequência de DNA em uma região de 1,2 kb a montante do códon ATG dos genes *MPF2-like* de *Withania somnifera, Tubocapsicum anomalum* e *MPF2* de *Physalis floridana* (He e Saedler, 2005) em comparações de pares. Encontram-se numerosas variantes de motivos de ligação a factores de transcrição do domínio MADS (CArG-boxes) nos vários promotores, mas não são apresentadas. Entre estes, é interessante notar que uma CArG-box conservada é identificada em todos os promotores, exceto no *MPF2-like-B*, que não expressa este gene em tecidos florais. A posição do início putativo da transcrição foi deduzida a partir do cDNA mais longo isolado de cada espécie e é apresentada na Fig. 3.19B, juntamente com a posição da caixa CArG conservada e a sua distância de separação. A Figura 3.18C mostra as sequências de ADN da CArG-box conservada nos vários promotores e enumera algumas proteínas conhecidas do domínio MADS que reconhecem estes motivos.

Os resultados revelados pela análise de cada comparação de sequência são descritos aqui separadamente. Os promotores *MPF2/WSA206* partilham cerca de 500 pb de homologia, a maioria dos quais, cerca de 400 pb, inclui a região 5'-UTR (Fig. 3.19A painel superior). Para além da CArG-box conservada, que é um local de ligação para as proteínas MADS-box AG, AGL1, SEP1, SEP4 e AGL15 em Arabidopsis (de Folter e Angenent, 2006). Outros sítios de ligação para o Homeobox

A)

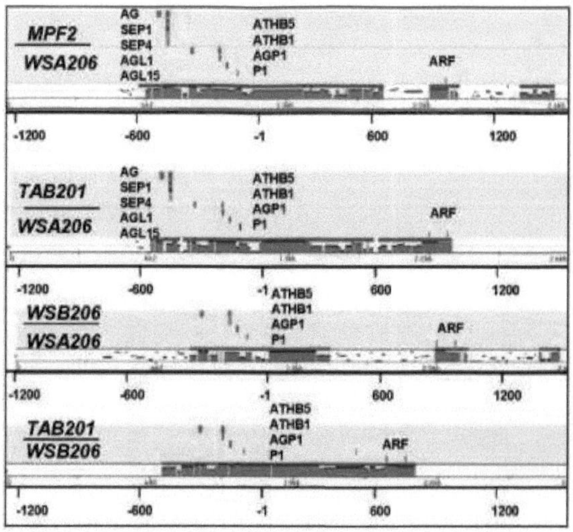

B)

gene	transcription initiation site	position CArG-box	distance	position of ARF binding site
MPF2	- 472	- 580	108	966
WSA206	- 320	- 430	110	871
TAB201	- 436	- 560	124	1394
WSB206	- 415	no	no	608

C)

```
WSB206   ggTccc C a A a A A g t t a T tAtAGTG
WSA206   TTTTTA C C A T A A A A A G T AAAGGTG
MPF2     TTTTTA C C A T A A A A A G T AAAGGTG
TAB201   TTTTTA C C A T A A A A A G T AAAAGTG
                 AG, AGL1, SEP1
                   SEP4, AGL15
```

Figura 3.19: Análise do promotor *MPF2-like* e do primeiro intrão. A) Comparações entre pares de sequências de ADN utilizando o Mulan Package Online são representadas. As homologias de sequência são mostradas numa janela de 50-100%. A primeira base de ATG é definida como 1. São apresentados os primeiros -1200 pb de cada promotor. As barras de cores diferentes representam os motivos de ligação ao ADN dos factores de transcrição indicados. Os primeiros 1500 pb do ATG são indicados para cada intrão 1st. O ARF (fator de resposta à auxina) é reconhecido pelos elementos do fator de resposta à auxina (AuxREs). B) mostra a posição do início da transcrição, as caixas CArG conservadas e a distância entre elas. Também é mencionada a distância entre o sítio de ligação do ARF e o ATG. São indicadas as sequências dos motivos conservados de ligação aos factores de transcrição do domínio MADS (caixas CArG). C) AG, AGL1, SEP1, SEP4 e AGL15 (de Folter e Angenent, 2006) reconhecem a sequência assinalada com uma linha sólida. As proteínas AtHB1 e AtHB5 e as proteínas de ligação AGP1 e P são conservadas nos quatro promotores testados (Fig. 3.19A). Notavelmente, todos estes últimos sítios de ligação a factores de transcrição estão localizados na região 5'-UTR, enquanto a caixa CArG conservada se encontra a montante do sítio de iniciação da transcrição.

A comparação *TAB201/WSA206* revela que estes dois promotores também partilham uma quantidade semelhante de homologia de sequência (Fig. 3.19A, 2. a partir do topo) e os mesmos motivos de sequência de ADN conservados são observados aqui como no caso anterior.

A comparação do promotor dos genes *MPF2-like-A* e *MPF2-like-B* de Withania *WSA206/ WSB206* (3. de top) mostra uma homologia limitada a cerca de 300 pb e revela apenas os motivos conservados de ligação ao ADN encaixotados na região 5'-UTR e não o motivo conservado de ligação ao fator de transcrição do domínio MADS caraterístico de todos os outros promotores.

Isso é apoiado pela comparação dos genes *MPF2-like-B TAB201/WSB206* de Tubocapsicum e Withania mostrada na Fig. 3.19A (painel inferior). Embora a homologia se estenda por toda a região 5'-UTR, não foi detectado nenhum sítio conservado de ligação ao fator de transcrição do domínio MADS nesta comparação.

Embora os sítios de iniciação da transcrição e a posição da CArG-box conservada variem nos diferentes promotores, a distância que os separa parece ser relativamente constante (Fig. 3.19B). Na região correspondente do promotor *do WSB206*, contudo, não se encontra qualquer motivo CArG-box definido (Fig. 3.19C). Isso poderia sugerir que as diferenças específicas de tecido na expressão dos genes *MPF2- like-A* e *MPF2-like-B* em Withania são atribuídas à presença e/ou ausência do motivo CArG-. Enquanto *MPF2*, *WSA206* e *TAB201* são expressos em todos os tecidos testados, o gene *MPF2-like-B* (*WSB206*) de Withania não o é (Fig. 3.15). Se isso se deve à falta da CArG-box conservada na sua região promotora, ainda está por testar.

3.3.2 Análise do primeiro intrão do *MPF2* e *MPF2-like*

Tal como os promotores, os intrões 1st (16 sequências no total) dos genes *MPF2-like-A* e *MPF2-like-B* de todas as espécies de Withania e Tubocapsicum foram analisados utilizando a homologia de sequências e motivos de ligação no pacote Mulan (Ovcharenko et al., 2005). Em todas as sequências testadas foram encontrados pontos de homologia (dados não mostrados). Aqui também se encontram muitas CArG-boxes espalhadas ao longo de todo o comprimento do intrão. A Figura 3.19A mostra a homologia da sequência em 1,5 kb a jusante da ATG. Curiosamente, uma região de 100 pb altamente conservada em todas as comparações da sequência do intrão *MPF2-like* 1st foi verificada em diferentes posições. Quando esta região é ainda mais reduzida, os elementos do fator de resposta à auxina (ARF) (AuxREs) são detectados em todas as sequências do intrão, exceto no intrão 1st *do WSA206*. A figura 3.19B mostra a distância do ARF ao

Número de série	% idade +tive	Nome da construção	Comprimento do promotor, posição da caixa CArG, local de início da transcrição	Comprimento do intrão, posição da CArG-box, posição do ARF Folha		Pedicelo	Recetáculo	Sépalas	Pétalas	Estames	Carpelos	Silique
1	27	WS a-PI+l	cbox-2050, cbox-2550, 2606	ARF691 ,cbox476,cbox2081	2373 +	-	+	-	-	+ 4-	-	**4 pontas**
2	41	WS a-PI	2606		- +++	+	+	+ +++	+	+ + +	+ + + +	+ +++
3	45	WS a-Pls(cbox)	Transcrição-ini -320, 2066		- + +	-	-	-	-	+ +	-	-
4	10	WS a-Ps+IARF	1261		712 +	-	+ +	-	-	+	+	+
5	9	WS a-Ps+lmARF	1261		712 -	-	+ +	-	-	+ +	-	-
6	88	WS a-Ps	1261		- +++ +	+	+	-	-	+ + +	+ + +	+ + +
7	60	WS a-Pss	560		- +++ +	++	+ + +	-	-	+ + +	+ + +	+ + +
8	0	WS a-Pss+IARF	560		712 -	-	-	-	-	-	-	-
9	28	WS a-Pss+lmARF	560		712 ++	++	-	+++	-	-	+	-
10	3	WS b-PI+l	cbox-698, cbox-1754, 3129	ARF 428, cboxl 133,1627,	1827 -	-	+++	-	++	+ + +	+	+

11	98	WS b-PI		3129			- +++	++++++++		-	++	+++	+++++	+++++
12	96	WS b-Pls(cbox)	Transcrição-ini -415,	750			- -	+++	+++	++++	++	++++	+++	+++
13	0	WS b-Ps+IARF		1269		458	-	-	-	-	-	-	-	-
14	39	WS b-Ps+lmARF		1269		458	+++	+++++	+++++	+++++	+++++	+++++	+++++	+++++
15	33	WS b-Ps		1269			- +++	-	+	-	-	+	-	+
16	31	WS b-Pss		612			- +++	-	+++	-	-	+	-	-
17	33	WS b-Pss+IARF		612		458	+++	+++	+	-	-	++	-	**4 pontas**
18	0	WS b-Pss+lmARF		612		458	-	-	-	-	-	-	-	-
19	24	TA b-PI+l	cbox-1290,cqbox-1557	2294	AR F1214,cbox697,1493,210	3704	-	++++	++++	++++	++	+++	++++	++++
20	90	TA b-PI	cbox-1851,	2294	cbox 2888,2995,3048		- +++	++++	++++	-	-	+++	++++	++++
21	32	TA b-Ps(cbox)	Transcrição-ini -436,	1282			- +++	++	+++	-	+	++	-	-
22	50	AT b-Ps+IARF		1398		1237	-	-	-	-	-	+	-	-
23	75	TA b-Ps+lmARF		1398		1237	++	++	++	+	-	+	+	+

24	26	TA b-Ps		1398		- + +	++	+ +	-	-	+ +	-	-
25	80	TA b-Pss		554		-+++++	-	+ +	+++++	+ +	+ + + +	+++++	+ + +
26	0	TA b-Pss+IARF		554		1237-		-	-	-	-	-	-
27	20	TA b-Pss+lmARF		554		1237 ++	++	++	-	-	+ +	-	**4 pontas**
28	79	MPF2-PI+I	cbox-1784,-2091 ,cg- 1488,	2232	AR F786,cbox549,855,1429,	2165 -	++	++++	-	+	+ + + +	+	**4 pontas**
29	32	MPF2-PS+IARF	Transcrição-ini -472,	1243		811 -	+	+ +	-	-	+ + +	+ +	+
30	50	MPF2-Ps+lmARF		1243		811 +++	-	+ + +	-	-	+ + +	+ + +	++ +
31	72	MPF2-PS		1243		- + +	-	+ +	+ + +	-	+ + +	-	+
32	21	MPF2-Pss		576		- -	-	-	-	-	+ +	-	-
33	28	MPF2-Pss+IARF		576		811 -	-	+ +	-	-	+ +	-	-
34	23	MPF2-Pss+lmARF		576		811 ++	-	-	-	-	-	-	-
35	9	V001-1-PI+I	cbox-440,-836,-1285,	1950	ARF1344,cboxl 86,812,945,	3444 -	-	-	-	-	+	-	-
36	0	V001-1-Pls(cbox)		1950	cbox2377,2539,2781,2896,33 1 '	I	-	-	-	-	-	-	-

37	17	V001-1-Pls(cbox)	Transcrição-ini -394	809	- -	-	-	+ + +	+ +	++ +	-	-
38	81	V001-2-PI		2071	- + +	-	-	+++++	+++ +	+ + + + +	+ + + + +	+++
39	31	V001-2-Pls(cbox)		810	- +	-	-	+ +	+ +	+ + +	+	-

Quadro 3.5: Especificações das construções do promotor e do intrão:GUS e resumo dos padrões de expressão em Arabidopsis. WS_a= *WSA206',* WS_b= *WSB206',* TA_b= *TAB20T,* V001-l= sequência Vassobia 1st; sequência Vassobia 2; P=promotor; 1= longo; 1= exão 1st - intrão 1(st); s= curto; ss= muito curto; m= mutado; +++++= muito forte; ++++= forte; +++= moderado; ++= fraco; += muito fraco; -= sem expressão; tip= ponta da sílica.

ATG que é variável em todas as sequências. Pode especular-se que o ARF desempenha um papel regulador no desenvolvimento da folha.

Além disso, INDETERMINATE for flowering (ID1), os sítios de ligação dos factores de transcrição encontram-se em diferentes posições, tanto nos intrões como nos promotores. ID1 tem um sítio de ligação em *WSA206*, cinco em *WSB206*, dois em *TAB201* e um em *MPF2* (dados não mostrados). Como o ID1 está normalmente envolvido na regulação do período de floração, pode assumir-se o papel dos genes *do tipo MPF2* no controlo do período de floração.

Com base em análises Mulan, a funcionalidade dos promotores e dos primeiros intrões na regulação da expressão dos genes *MPF2-like* nas folhas e nas flores foi avaliada em Arabidopsis transgénica estável e em *Nicotiana benthamiana* transiente.

3.3.3 São detectados fortes sinais GUS nas flores de plantas de Arabidopsis transgénicas *MPF2-like-B* promoter:GUS

A tabela 3.5 apresenta um resumo completo das análises de expressão do promotor *MPF2-like* e do intrão GUS em Arabidopsis. De um modo geral, a maioria das plantas tansgénicas de Arabidopsis com construções demonstraram padrões de expressão GUS nas folhas e inflorescências

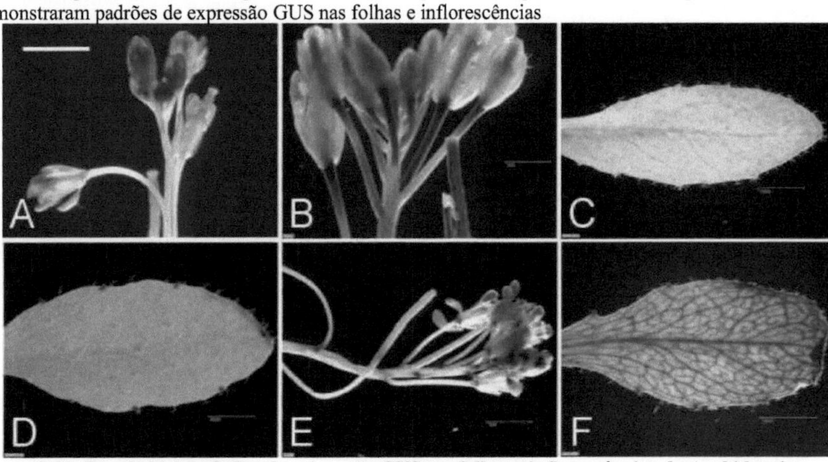

Figura 3.20: Ensaio histoquímico de coloração GUS em folhas e inflorescências de Arabidopsis transgénica

A) WS_a-Pl+I (*WSA206-promotor* longo + 1st exão-1st intrão); B) WS_b-Pl (*WSB206-promotor* longo); C) WS_b- Pl+I (*WSB206-promotor* longo + 1st exão-1(st) intrão); D) WS_a-Pl+I (*WSA206-promotor* longo + 1st exão-1st intrão); E) MPF2-Pl+I (*MPF2-promotor* longo + 1st exão-1(st) intrão); F) TA_b-Pss (*TAB201-promotor* muito curto). Para mais pormenores, ver Tabela 3.5. Barra de escala = 2mm.

incluindo o recetáculo, os estames e os carpelos. Os estames foram os órgãos onde a maioria das construções de promotores e intrões exibiram uma forte expressão de GUS.

Embora houvesse diferenças óbvias nos padrões de expressão do gene GUS nos tecidos das folhas (Fig. 3.20 C,D). No entanto, a observação mais marcante foi a deteção de uma expressão muito forte de GUS na inflorescência dos genes *MPF2-like-B* (compare a Fig. 3.20 A,B e a construção número 2 e 11 na Tabela 3.5). A expressão floral dos genes *MPF2-like-A* é compatível com a expressão encontrada na planta nativa, mas a expressão dos genes *MPF2-like-B* na flor não é esperada.

3.3.4 Os primeiros intrões geralmente suprimem a expressão *do tipo MPF2* na folha

Em geral, foram detectados padrões de expressão GUS muito óbvios na inflorescência se promotores longos com 1stexão-1st intrões fossem transformados em Arabidopsis (Fig. 3.20 E e quadro 3.5, construções número 1, 10, 19, 28). A expressão concentrou-se principalmente no recetáculo e nos estames. Notavelmente, não foi visível qualquer expressão nas folhas, exceto na construção WS_a- Pl+I (*WSA206-promoter* long + 1st exon-1st intron), como se mostra na Fig. 3.20D e na construção número 1 na tabela 3.5. Pode inferir-se que a expressão do gene *MPF2-like* é suprimida na folha pelo intrão 1st. Por outro lado, as plantas transformadas apenas com as construções *MPF2-like* promoter:GUS exibiram padrões GUS em quase todos os tecidos, incluindo folhas e flores (Fig. 3.20 A,B,F). Recetáculo, estames e carpelos foram os tecidos onde a expressão máxima foi visível.

3.3.5 Os primeiros intrões *do tipo MPF2* suprimem os sinais YFP em folhas *de Nicotiana benthamiana* transformadas transitoriamente

Na maioria dos peomotores *MPF2-like*, bem como nas construções de intrão, os sinais YFP eram detectáveis no núcleo (dados não apresentados). Verificou-se que as construções YFP com intrão (promotor longo + 1stexão-1st intrão) apresentavam uma intensidade de sinal YFP baixa (Fig. 3.21D). No entanto, com as construções promotor:YFP, foi possível detetar sinais fortes de YFP nas células das folhas de *N. benthamiana* (Fig. 3.21C). Isto indica que os intrões 1st estão a suprimir o gene repórter YFP conduzido sob o promotor 35 nas folhas. Estes resultados são também apoiados pelos padrões de expressão de GUS na Arabidopsis transgénica.

O que se pode concluir das observações acima é que os intrões 1st suprimem a expressão de genes *do tipo MPF2* nas folhas.

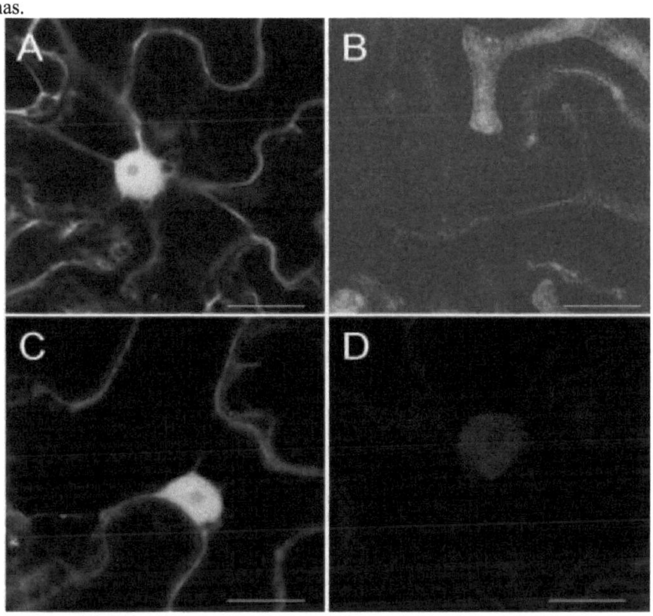

Figura 3.21: Imagens CLSM mostrando a expressão de YFP em células de folhas de *N. benthamiana* transientemente transformadas

A) Controlo positivo (*35S:YFP*); B) Controlo negativo (apenas YFP); C) Promotor:YFP para o gene *WSA206*; D) Promotor longo + 1st exão-1st intrão:YFP para o gene *WSA206*. Barra de escala = 10 ^m.

A diferenciação na regulação e nas funções dos genes *do tipo MPF2* pode ser estudada em mais pormenor através da descoberta dos seus parceiros de interação na análise de dois híbridos de levedura.

3.4 Análise de duas hibridizações em levedura

A caraterização estrutural e funcional das proteínas MPF2-like demonstrou que, após a duplicação e diversificação, estes genes estão provavelmente a caminho da subfuncionalização e/ou do destino da neofuncionalização. A diferenciação de funções pode ser elaborada em mais pormenor através da descoberta dos seus parceiros de interação. Portanto, as proteínas MPF2-like e MAGO NASHI-like de Withania, Tubocapsicum e Physalis foram testadas quanto à sua interação entre si no sistema de dois híbridos de levedura. Além disso, foi efectuado o rastreio de bibliotecas de cDNA oligo-dT de Arabidopsis e a confirmação com proteínas MPF2-like.

3.4.1 Caracterização molecular das proteínas do tipo MAGO NASHI de Withania e Tubocapsicum

As sequências de codificação dos genes *MAGO NASHI-like* foram amplificadas a partir do cDNA de Withania e Tubocapsicum com primers baseados nas sequências dos genes *PFMAGO1* e *PFMAGO2* de *Physalis floridana* (He et al., 2007). Embora muitos clones de genes *semelhantes a MAGO NASHI* tenham sido sequenciados, apenas dois tipos de sequências de genes puderam ser identificados para *W. somnifera* e *T. anomalum*. Estas são designadas *WSMAGO1* e *WSMAGO2* para *W. somnifera* e *TAMAGO1* e *TAMAGO2* para *T. anomalum*, respetivamente. A Figura 3.22 mostra os alinhamentos ClustalW dos genes *MAGO NASHI-like*.

Tanto *WSMAGO1* como *WSMAGO2* partilham uma sequência de codificação de 453 nucleótidos. As sequências de codificação são 88% semelhantes (50 diferenças de nucleótidos), enquanto as sequências de proteínas são 96% idênticas (5 aminoácidos são diferentes num total de 151). Em Tubocapsicum, *os TAMAGOs* partilham uma homologia de 88% (51 diferenças de nucleótidos em 453) a nível de nucleótidos e 94% (8 aa são diferentes em 151) a nível de aminoácidos. Esta comparação de sequências sugere que tanto os genes *do tipo MAGO NASHI* de Withania como de Tubocapsicum têm a mesma tendência de conservação de homologia. *WSMAGO1* e *TAMAGO1* são 98% semelhantes tanto a nível de nucleótidos como de proteínas. Um grau idêntico de conservação é também observado para a segunda cópia WSMAGO2 e *TAMAGO2*. Surpreendentemente, observa-se uma homologia de 96% ao nível dos nucleótidos e de 100% ao nível dos aminoácidos quando se comparam *WSMAGO2* e *PFMAGO2*. Esta elevada conservação indica que ambas as proteínas desempenham funções semelhantes. Este facto é também evidente no agrupamento de WSMAGO1, TAMAGO1 e PFMAGO1, separadamente de WSMAGO2, TAMAGO2 e PFMAGO2. Na Figura 3.22B, uma árvore UPGMA simples (Unweighted Pair Group Method with Arithmetic Mean) mostra que todas as proteínas das espécies de Solanáceas estão agrupadas. Para além das proteínas de Tubocapsicum,

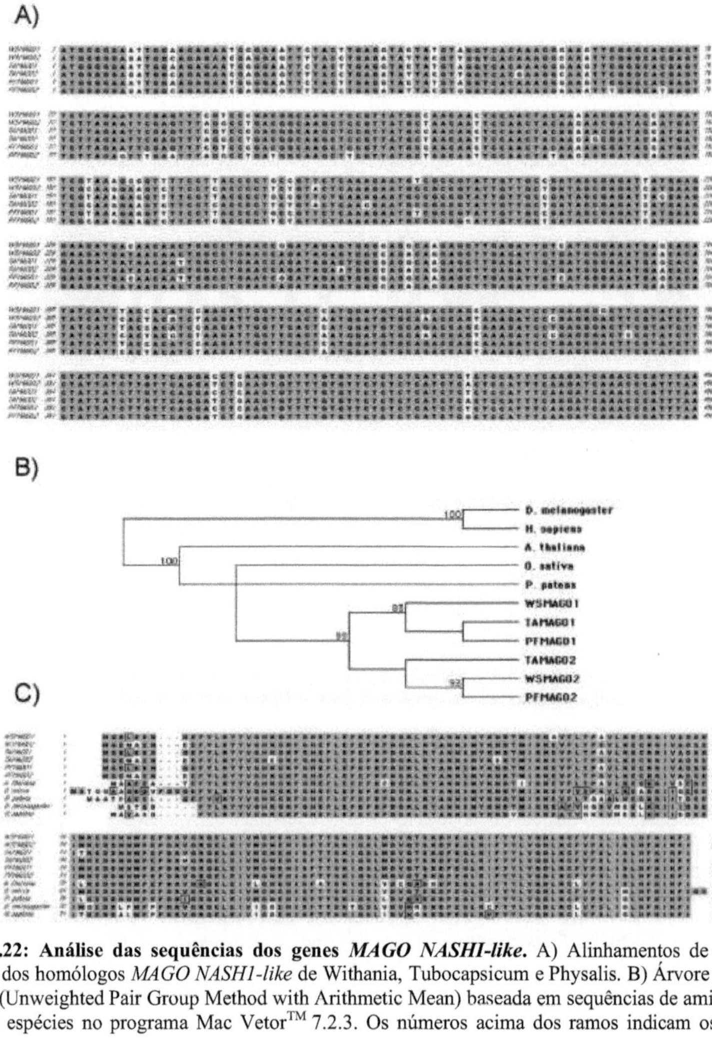

Figura 3.22: Análise das sequências dos genes *MAGO NASHI-like*. A) Alinhamentos de nucleótidos ClustalW dos homólogos *MAGO NASH1-like* de Withania, Tubocapsicum e Physalis. B) Árvore filogenética UPGMA (Unweighted Pair Group Method with Arithmetic Mean) baseada em sequências de aminoácidos de diferentes espécies no programa Mac Vetor™ 7.2.3. Os números acima dos ramos indicam os valores de

bootstrap de 1000 réplicas. C) Alinhamentos de aminoácidos ClustalW de proteínas MAGO MASHI-like de diferentes espécies.

Os WSMAGOs partilham 70-98% de identidade com outros homólogos de diferentes espécies, como Physalis, arroz, musgo e animais (Fig. 3.22C). A variabilidade é mais proeminente nas regiões N-terminais do que noutras. Esta elevada conservação numa gama tão diversa de espécies indica que as proteínas do tipo MAGO NASHI têm uma função conservada.

3.4.2 O R-motif no terminal C da proteína WSA206 reprime a sua auto-ativação Os cDNAs completos que codificam as proteínas MPF2-like e MAGO NASHI-like foram introduzidos em vectores de 2-híbridos de levedura (ver Materiais e Métodos), para verificar as suas propriedades intrínsecas de ativação transcricional e a sua potencial toxicidade na levedura. Todas as leveduras transformadas cresceram normalmente em placas deficientes em triptofano (isco) ou em leucina (presa), indicando que o transgene não é tóxico para a levedura. A ausência de crescimento em placas deficientes em histidina (SD/-Leu-Trp-His) indicou que WSA206, WSB206 e TAB201 não podiam auto-ativar-se. Mas o MPF2 (um homólogo próximo do MPF2-like) pode auto-ativar-se devido ao seu domínio C-terminal ácido rico em prolina. Quando este domínio é removido do MPF2, a capacidade de auto-ativação deixa de existir (He et al., 2007). O C-terminal de todas as proteínas do tipo MPF2 também é rico em prolina e ácido, exceto o terceiro último resíduo de prolina (Fig. 3.23A,B). Surpreendentemente, quando os últimos resíduos 8aa da WSA206 foram removidos para gerar a WSA206A C246, a versão truncada pôde ser auto-activada. Isto sugere que a extensão de 8aa está envolvida na repressão da auto-ativação. Esta extensão de 8 aa é aqui designada por R-motif (Fig. 3. 23A,B). Curiosamente, quando este motivo R foi adicionado ao terminal C do WSB206 para produzir o WSB206VC257, esta versão alargada, ao contrário do WSA206AC246, apresentou propriedades de gene repórter HIS3 auto-ativador por si só, tal como no caso do WSB206 original. A partir desta experiência, pode inferir-se que o terminal C destas proteínas é essencial para o seu funcionamento. Qualquer alteração nesta região reflecte-se na mudança de comportamento da proteína. A alteração da função em termos de auto-ativação das proteínas do tipo MPF2 pode ser atribuída a alterações conformacionais nas proteínas após uma supressão ou adição no terminal C.

Paralelamente à auto-ativação, a ligação automática foi também testada para as proteínas do tipo MPF2. Não foi observado nenhum caso de auto-ligação em nenhuma proteína, exceto na WSB206VC257. Esta proteína demonstrou cor azul no ensaio da p-galactosidase (Fig. 3. 23B).

3.4.3 As proteínas MPF2-like-A podem formar homodímeros

A capacidade das proteínas MPF2-like para formar homo ou heterodímeros em levedura foi investigada. Todas as proteínas MPF2-like-A (WSA206) podiam formar homodímeros (Fig. 3.23B e 3.24A,B). A capacidade de formar homodímeros ainda foi mantida pelas proteínas WSA206A C246 e WSB206VC257 mesmo após truncamento e adição, embora as suas propriedades de auto-ativação tenham mudado (Tabela 3.6).

Para além da formação de homodímeros, estas proteínas podem formar heterodímeros com outras proteínas. O TAB201 mostrou a capacidade de interagir com ambas as proteínas Withania. Na tabela 3.6 estão resumidas todas as experiências para testar a auto-ativação, a formação de dímeros e as interações relacionadas com as proteínas MPF2-like e MAGO NASHI-like. As proteínas WSA206AC246 e WSB206VC257 alteradas apresentam interações com WSA206, WSB206 e TAB201. Além disso, existe uma tendência para a interação direcional nestas proteínas. A partir da figura 3.24A e B, é evidente que as interações horizontais são mais dominantes do que as verticais

A)

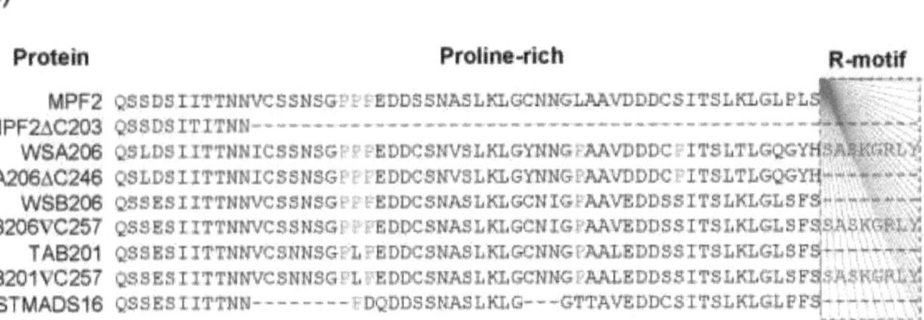

B)

Figura 3.23 As caraterísticas de interação das proteínas MPF2 e MPF2-like são determinadas por

diferenças nos seus C-termini.

Proteína	Auto-ativação A	Auto-ativação B	Auto-encadernação	Formação de homodímeros
MPF2	-	-	nt	+
MPF2AC203	+	+	nt	-
WSA206	-	-	-	+
WSA206AC246	+	+	-	+
WSB206	-	-	-	-
WSB206VC257	-	-	+	+
TAB201	-	-	-	-
TAB201VC257	-	-	-	+
STMADS16	-	-	nt	+

A) As lacunas foram introduzidas para otimizar o alinhamento dos resíduos conservados. As prolinas no domínio rico em prolinas são apresentadas em letras vermelhas. O motivo R é apresentado em letras azuis e uma linha azul a tracejado indica a remoção de 8 aa da WSA206. B) A capacidade de auto-ativação e de auto-ligação no sistema de 2-híbridos de levedura foi revelada pelo crescimento celular em SD/-Trp-Leu-His, indicado pela letra A, enquanto a letra B indica a expressão de B-galactosidase, determinada pelo desenvolvimento de uma cor azul num ensaio de colónias não letal. Os símbolos + ou - indicam crescimento ou ausência de crescimento ou o fenótipo azul ou branco, respetivamente; nt significa não testado. A formação de homodímeros (+) foi detectada conforme descrito em Resultados. Note-se a auto-ativação de WSA206AC246 em e a auto-vinculação de WSB206VC257 em B, respetivamente.

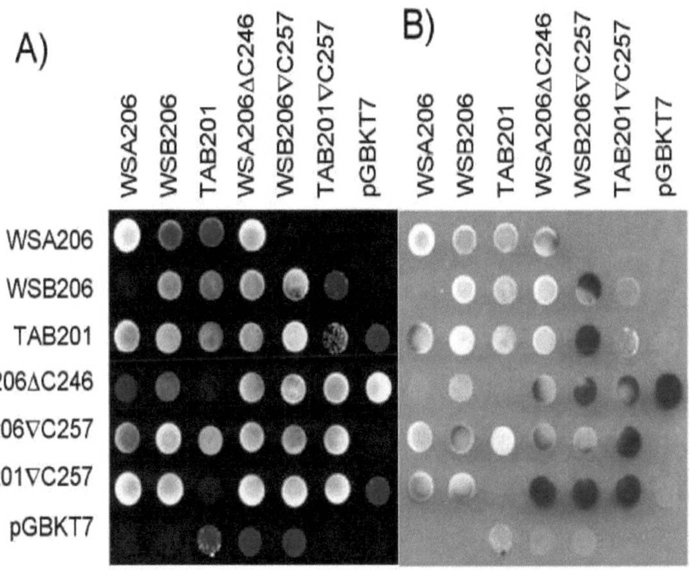

Figura 24 Confirmação das interações do tipo MPF2. A matriz de interação da levedura é apresentada em ambas as figuras. A) Crescimento celular no sistema 2-híbrido de levedura numa placa selectiva de alta estringência (SD/-Trp-His-Leu- Ade e 3,0 mM 3-AT). B) Ensaio de B-galactosidase não letal para confirmar as interações. As proteínas de presa expressas são indicadas acima e as proteínas de isco à esquerda dos painéis.

3.24.4 As proteínas do tipo MAGO NASHI interagem com as proteínas do tipo MPF2-B e não com as proteínas do tipo MPF2-A

Foi utilizado um total de 6 construções de proteínas semelhantes a MAGO NASHI para estudar as suas interações proteicas no sistema de levedura. As construções de Withania e Tubocapsicum (WSMAGO1, WSMAGO2, TAMAGO1 e TAMAGO2) foram feitas como descrito em Materiais e Métodos, duas construções de Physalis (PFMAGO1 e PFMAGO2) foram gentilmente cedidas por Chaoying He. A análise dos transformantes de levedura revelou que nenhum dos homólogos de MAGO NASHI podia ativar os genes repórter HIS3 por si só e nenhum era tóxico para a levedura (Tabela 3.6). Assim, todas as proteínas não podiam mostrar auto-ativação ou ligação automática. Este comportamento análogo das proteínas MAGO NASHI-like pode ser atribuído ao seu terminal C altamente semelhante, que se pensa estar envolvido na auto-ativação. Nas proteínas do tipo MAGO NASHI, como já foi referido, existe uma variabilidade significativa no terminal N. Estes resultados estão de acordo com He et al., (2007).

A Tabela 3.6 mostra que todas as proteínas do tipo MAGO NASHI são incapazes de se homo-dimerizarem. No entanto, com as proteínas do tipo MPF2, estas proteínas interagem. A maioria das proteínas do tipo MAGO NASHI mostra interações com as proteínas WSB206, exceto TAMAGO1. TAB201 mantém a capacidade de interagir com WSMAGO2 e TAMAGO2, mas não mostra afinidades para PFMAGO2, embora as proteínas WSMAGO2 e PFMAGO2 sejam altamente conservadas. As proteínas Physalis MAGO NASHI-like interagem mais fortemente com WSB206 do que as proteínas Withania e Tubocapsicum MAGO NASHI-like, que demonstram apenas interações semanais.

	WSB206	WSA206	TAB201	WSB206∇C257	WSA206ΔC246	PFMAGO1	PFMAGO2	WSMAGO1	WSMAGO2	TAMAGO1	TAMAGO2	pGADT7
WSB206	+	-	-	+	-	-	-	-	-	-	-	-
WSA206	+	++	-	++	+	-	-	-	-	-	-	-
TAB201	++	++	++	++	++	-	-	-	+	-	+	-
WSB206∇C257	++	++	++	++	++	+	+	++	++	+	++	
WSA206ΔC246	++	++	+	++	++	-	-	+	-	-	-	++
PFMAGO1	++	-	-	+	+	-	-	nt	-	nt	nt	-
PFMAGO2	++	-	-	+	-	-	-	nt	-	nt	nt	-
WSMAGO1	+	-	-	++	-	nt	nt	-	-	-		-
WSMAGO2	+	-	+	++	+	-	-	-	-	-	-	-
TAMAGO1	+	-	-	++	-	nt	nt	-	-	-	-	-
TAMAGO2	-	-	-	++	-	nt	nt	-	-	-	-	-
pGBKT7	-	-	-	+	-	-	-	-	-	-	-	-

Tabela 3.6: Interações recíprocas entre as proteínas MPF2-like e MAGO NASHI-like. ++: Interações muito fortes; +: interações; -: sem interações; nt: não testado. As proteínas de presa expressas estão indicadas acima e as proteínas de isco à esquerda da tabela. A caixa vermelha destaca a auto-ativação da WSA206AC246 e da proteína após o truncamento, enquanto a caixa azul indica a auto-ligação da WSB206VC257 após a extensão.

No entanto, não se observam interações entre a WSA206 e todas as proteínas do tipo MAGO NASHI. Do mesmo modo, as proteínas WSB206VC257 apresentam interações mais fortes com todas as proteínas do tipo MAGO NASHI do que a WSA206AC246, que interage com as proteínas do tipo MAGO NASHI de Withania e MAGO1 de Physalis. Mas estas interações são ambíguas devido ao facto de a WSB206VC257 e a WSA206AC246 poderem ligar-se e auto-ativar-se, respetivamente (Tabela 3.6). Entre si, as proteínas do tipo MAGO NASHI testadas até à data raramente interagem. Também aqui a tendência para interações horizontais é mais dominante do que as verticais.

O rastreio de bibliotecas de leveduras de cDNA oligo-dT de Arabidopsis com proteínas do tipo MPF2 é utilizado para diferenciar as funções das proteínas do tipo MPF2.

3.24.5 Rastreio da biblioteca de cDNA de levedura de Arabidopsis oligo-dT

A divergência funcional entre as proteínas do tipo MPF2 foi ainda elucidada através da descoberta dos seus interactivos em Arabidopsis. Uma biblioteca de cADN oligo-dT de levedura de Arabidopsis foi analisada com as proteínas WSA206, WSB206 e TAB201 de comprimento total como isco no sistema 2-híbrido de levedura (para mais pormenores, ver Materiais e Métodos). Para cada proteína, foram sequenciados mais de 200 interactivos e a pesquisa BLAST revelou múltiplos resultados para uma variedade de interactivos. Aqui apenas são tidos em conta os interactivos do domínio MADS. Os resultados obtidos são descritos separadamente para cada isco.

Para as proteínas WSA206, foi analisado um total de 70 colónias positivas obtidas da biblioteca de Arabidopsis, o que levou à identificação de 9 proteínas MADS diferentes: SOC1, AGL27, AGL19, AGL31, AGL42, AGL68, MAF4, SEP3 e SEP4 (Quadro 3.7). Todas estas proteínas são conhecidas por desempenharem um papel no desenvolvimento da flor ou no controlo do período de floração. Incluem algumas, mas não todas, as proteínas que se sabe interagirem com AGL24 (de Folter et al., 2005). AGL24 é um ortólogo de MPF2-like em Arabidopsis. A incapacidade de isolar, por exemplo, AP1 e SEP1, neste rastreio pode ter

sido uma consequência do número relativamente pequeno de colónias examinadas em pormenor ou da natureza heteróloga do sistema.
Contrariamente à proteína WSA206, é notável que não tenha sido possível pescar interactivos do domínio MADS quando a proteína WSB206 foi utilizada como isco, apesar de terem sido sequenciados mais de 300 clones.
No entanto, o TAB201 apresentou um comportamento intermédio entre o WSA206 e o WSB206 ao interagir com três proteínas do domínio MADS, que eram o SOC1, o MAF5 e o AGL27.

Proteína de isco	Interactor	Acertos
WSA206	SEP4 (SEPALLATA4); ligação ao ADN / fator de transcrição (AGL3)	6
	SEP3 (SEPALLATA4); ligação ao ADN / fator de transcrição (AGL9)	2
	AGL27, MAF1 (MADS QUE AFECTAM A FLORAÇÃO 1)	21
	AGL19 (AGAMOUS-LIKE 19); fator de transcrição	7
	AGL31 (AGAMOUS LIKE MADS-BOX PROTEIN 31) MAF3	12
	AGL42 (AGAMOUS LIKE 42); fator de transcrição	8
	AGL20 (AGAMOUS-LIKE 20); fator de transcrição (SOC1)	7
	MAF4	1
	MAF5, AGL68	3
	Proteína da família responsiva à auxina	3
	AKIN10 (ARABIDOPSIS SNF1 KINASE HOMOLOG 10)	14
	AT)SRC2/SRC2 (GENE DA SOJA)	7
	Proteína contendo o domínio C2 (*Arabidopsis thaliana*)	21
	Proteína da família do dedo de zinco (tipo CCCH) (*Arabidopsis thaliana*)	13
	ATSYTA/NTMC2T1.1/NTMC2TYPE1.1/SYTA (*Arabidopsis thaliana*)	7

	Cadeia alfa do complexo endopeptidase multicatalítico	21
	Calnexina 1 (CNX1) (*Arabidopsis thaliana*)	4
	EMB1507 (EMBRIÃO DEFEITUOSO 1507)	5
	PAD1 (20S PROTEASOME ALPHA SUBUNIT PAD1)	18
	Proteínas de Arabidopsis desconhecidas	46
WSB206	IAA16 (proteína 16 induzida pelo ácido indoleacético); fator de transcrição	4
	AXR4 (RESISTENTE À AUXINA 4)	3
	RAP2.4 (relacionado com AP2 4); ligação ao ADN / fator de transcrição	5
	EMB1417 (EMBRIÃO DEFEITUOSO 1417)	19
	ATSIP2 (ARABIDOPSIS THALIANA SEED IMBIBITION 2); hidrolase	17
	RCD1 (MORTE CELULAR INDUZIDA POR RADICAIS1)	2
	AKIN10 (ARABIDOPSIS SNF1 KINASE HOMOLOG 10)	13
	MYB4 (proteína de domínio myb 4); fator de transcrição	5
	Proteína da família do dedo de zinco (tipo CCCH)	14
	Proteína DnaJ	18
	Imunofilina, putativa / tipo FKBP	4
	MYB3 (proteína de domínio myb 3); ligação ao ADN	3
	Proteína ribossómica 40S S20 (RPS20C) (*Arabidopsis thaliana*)	11

	Proteína contendo o domínio C2 (*Arabidopsis thaliana*)	10
	Proteína putativa de ligação ao ARN (*Arabidopsis thaliana*)	2
	FPF1 (FACTOR DE PROMOÇÃO DO FLORESCIMENTO 1, *Arabidopsis thaliana*)	2
	Relacionado com a ferredoxina (*Arabidopsis thaliana*)	3
	PAD1 (20S PROTEASOME ALPHA SUBUNIT PAD1)	23
	AJH1/CSN5A/JAB1 (COP9 SIGNALOSOME 5A) (*Arabidopsis thaliana*)	13
	Proteína da família das repetições ricas em leucina (*Arabidopsis thaliana*)	3
	Proteínas de Arabidopsis desconhecidas	59
TAB201	AGL20 (AGAMOUS-LIKE 20); fator de transcrição (SOC1)	1
	AGL27, MAF1 (MADS QUE AFECTAM A FLORAÇÃO 1)	4
	MAF5, AGL68	3
	Proteína contendo o domínio C2 (*Arabidopsis thaliana*)	23
	AKIN10 (ARABIDOPSIS SNF1 KINASE HOMOLOG 10)	11
	EMB2726 (EMBRIÃO DEFEITUOSO 2726)	18
	ATSYTA/NTMC2T1.1/NTMC2TYPE1.1/SYTA (*Arabidopsis thaliana*)	13
	pEARLI4 (*Arabidopsis thaliana*])	2
	proteína da família das proteínas abundantes da embriogénese tardia / proteína da família LEA	3
	MYB4 (proteína de domínio myb 4); fator de transcrição	6

PAD1 (20S PROTEASOME ALPHA SUBUNIT PAD1)	23
DPA; fator de transcrição (Arabidopsis thaliana)	3
NTMC2T4/NTMC2TYPE4; ligação a lípidos (*Arabidopsis thaliana*)	13
MYB3 (proteína de domínio myb 3); ligação ao ADN	5
Proteína ribossómica 40S S20 (RPS20C) (*Arabidopsis thaliana*)	24
proteína fosfatase 2C, putativa / PP2C	7
proteína da família do fator de transporte nuclear 2 (NTF2)	3
RNA helicase putativa dependente de ATP (*Arabidopsis thaliana*)	4
DPA; fator de transcrição (*Arabidopsis thaliana*)	2
Proteínas de Arabidopsis desconhecidas	10 43

Tabela 3.7: Lista de interactivos de Arabidopsis para proteínas do tipo MPF2 (WSA206, WSB206, TAB201) utilizadas como iscos. Os interactivos realçados a vermelho são os interactivos do domínio MADS, enquanto o azul indica os interactivos que são comuns às três proteínas isco utilizadas. Note-se a inexistência de interactivos do domínio MADS para a proteína de isco WSB206.

3.24.6 Interactores não relacionados com o domínio MADS

Como já foi referido, as proteínas do domínio MADS também podem interagir com proteínas que não são do domínio MADS e, de facto, para além dos clones do domínio MADS descritos na secção anterior, foi encontrado um grande número de interactivos que não são do domínio MADS com as três proteínas utilizadas como iscos. Entre eles, destacam-se os seguintes: proteína da família responsiva às auxinas (ARF); proteína induzida pelo ácido indolacético (IAA16); EMBRYO DEFECTIVE (EMB1417); ARABIDOPSIS THALIANA SEED IMBIBITION (ATSIP2); proteína contendo o domínio C2; MYB3; MYB4; proteína da família do dedo de zinco (tipo CCCH); AKIN; PADI. Foram também encontrados alguns membros de proteínas de ligação ao ARN, mas a maioria dos interactuantes eram proteínas de Arabidopsis com funções desconhecidas. A interação de proteínas do tipo MPF2 com estes interactuadores sobrepostos não pertencentes ao domínio MADS, tais como AKIN10, proteína contendo o domínio C2, PADI, EMBRYO DEFECTIVE e proteínas desconhecidas de Arabidopsis, permite prever as suas funções comuns, que podem ser o desenvolvimento normal de partes do corpo da planta, incluindo o desenvolvimento de folhas, flores e sementes.

3.24.7 Verificação das interações na levedura

A fim de confirmar as interações identificadas nos rastreios da biblioteca de leveduras e algumas outras proteínas envolvidas no desenvolvimento da flor, as construções isco e presa para os interactuadores do domínio MADS (AP1, SEP1, SEP2, SEP3, SEP4 e SOC1) foram transformadas independentemente na estirpe de levedura AH109. Após a cotransformação, as células foram plaqueadas em SD/- Trp-Leu-His-Ade, mais 3,0 mM 3-AT. As células transformadas portadoras destas combinações bidireccionais foram recuperadas (Fig. 3.25A) e, quando sujeitas ao ensaio não letal da B-galactosidase, estas células tornaram-se azuis (Fig. 3.25B), confirmando assim os resultados do rastreio da biblioteca. As confirmações das interações das proteínas do tipo MPF2 entre si já foram descritas na secção anterior. A Fig. 3.25 mostra que a WSB206 apresenta interações fracas com a SEP4, mas a WSA206 é capaz de interagir fortemente com a SEP3, a SEP4 e a SOC1, que também foram retiradas do rastreio da biblioteca de leveduras de Arabidopsis. Além disso, a WSA206 apresenta afinidades para AP1 e SEP1, mas não para SEP2. O TAB201 apresenta interação com SEP1, SEP3 e SEP4, tal como o WSA206, embora estas proteínas não tenham podido ser retiradas do rastreio de bibliotecas. TAB201 interage muito fracamente com SOC1, que foi encontrada como uma proteína de interação no rastreio da biblioteca. As proteínas de Arabidopsis também podem interagir entre si com especificidades. Os padrões de interação obtidos para as proteínas de Arabidopsis entre si estão de acordo com os resultados de Folter et al. (2005), exceto nos casos da interação de SEP1AC168 com SEP4 e de SEP2AC168 com SEP1. No entanto, estas anomalias estão fora do âmbito do presente estudo.

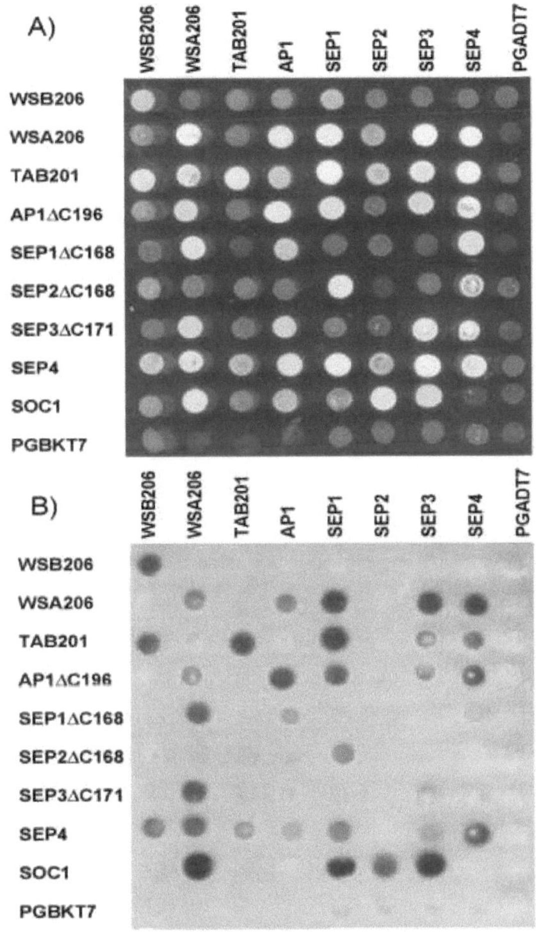

Figura 3.25 Confirmação das interações entre MPF2-like e proteínas selecionadas de Arabidopsis. A) A matriz de interação é aqui apresentada para as proteínas do domínio MADS de Solanaceous e Arabidopsis. Crescimento celular no sistema 2-híbrido de levedura numa placa selectiva de alta estringência (SD/-Trp-His-Leu-Ade e 3,0 mM 3-AT). B) Teste não letal da B-galactosidase para confirmar as interações. As proteínas de presa expressas são indicadas acima e as proteínas de isco à esquerda dos painéis. Note-se a interação do WSA206 com as proteínas do domínio MADS.

Capítulo 4

4 Discussão

Os resultados anteriormente relatados demonstram explicitamente a diversidade da síndrome do cálice inflado (ICS) e o papel das hormonas vegetais na formação da ICS nos Withaninae. As estruturas proteicas das duas proteínas de domínio MADS, MPF2-like-A e MPF2-like-B - duplicadas, provavelmente, devido à alopoliploidização - foram elucidadas através de análises filogenéticas e funcionais. Além disso, os resultados obtidos a partir de estudos de expressão em *Arabidopsis thaliana* transgénica subsumem as funções reguladoras do promotor e do primeiro intrão *de MPF2-like*, enquanto as interações das proteínas MPF2-like com outras proteínas com e sem domínio MADS são reveladas por análise de dois híbridos de levedura. Com base em dados computacionais e experimentais, a duplicação, perda, diversificação, sub-funcionalização e/ou neo-funcionalização de genes *do tipo MPF2* e sua contribuição para a formação do ICS nos Withaninae são discutidos a seguir. Finalmente, os resultados são inseridos num contexto evolutivo para explicar o surgimento de genes *MPF2-like* em relação à formação do ICS em Physaleae.

4.1 A base molecular da síndrome do cálice inflado (ICS)

As inovações morfológicas são a marca da complexidade e da diversidade da vida. O aparecimento destas novidades em diferentes partes do corpo das plantas dá-lhes a possibilidade de explorar os nichos ecológicos, o que acaba por conduzir a uma adaptabilidade do organismo (Mondragon-Palomono e Theissen, 2008). As novidades morfológicas na evolução surgem geralmente devido a alterações nos genes de controlo do desenvolvimento (Theissen, 2000). A síndrome do cálice inflado exibida por Withania e Physalis é um dos exemplos de novas morfologias florais. Em Withania, o cálice sofre uma mudança marcante na arquitetura durante o desenvolvimento da flor e do fruto, formando finalmente uma estrutura semelhante a um balão que envolve a baga madura.

A formação da síndrome do cálice inflado (ICS) em Physalis requer a expressão de um fator de transcrição MADS-box *MPF2* - um ortólogo do gene *STMADS16* de Solanum, expresso estritamente nos tecidos vegetativos - nos órgãos florais, especialmente no cálice (He e Saedler, 2005). Mas este não é o único componente envolvido na ICS; a ação de algumas hormonas vegetais, como a citocinina e a giberelina, também é essencial (He e Saedler, 2005; He e Saedler, 2007). Em Withania, foi demonstrado que ocorre uma interação entre a baga em desenvolvimento e as sépalas. Se as sépalas forem removidas numa fase inicial do desenvolvimento, não se produzem frutos. Por outro lado, se a fertilização for impedida, não se observa mais crescimento do cálice. O tubo polínico em crescimento, o próprio processo de fertilização ou o fruto em desenvolvimento podem fornecer os sinais necessários para a formação do ICS. A citocinina (6-BAP, 2-IP, zeatina) e a giberelina (GA3) estão implicadas como sinais que promovem a formação de ICS em Withania. Além disso, nem o tratamento simulado com água, nem a adição de auxinas poderiam restaurar a síndrome do cálice (He e Saedler, 2007). Portanto, a formação de ICS em Physalis requer 3 componentes no cálice: uma proteína *do tipo MPF2*, citocinina e giberelina (He e Saedler, 2007). Anteriormente, foi demonstrado que a citocinina 6-BAP facilita o transporte de MPF2 para o núcleo, promovendo assim a divisão das células da sépala, e as pequenas células resultantes alongam-se em resposta à giberelina. O mecanismo semelhante à formação de ICS em Physalis, intuitivamente, pode ser imaginado como operando em Withania também, no entanto, a interação entre hormonas e genes *MPF2-like* em Withania precisa de ser testada empiricamente.

Além da formação do ICS, *o MPF2* codifica o fator de transcrição MADS-box, que também está envolvido na formação das folhas e na fertilidade masculina. Isso implica que todas as três funções, ou seja, ICS, desenvolvimento foliar e fertilidade masculina, são realizadas por um único gene *MPF2* em Physalis. No presente estudo, no entanto, duas classes de genes *MPF2-like*, *MPF2-like-A* e *MPF2-like-B* foram isolados de Withania, mas apenas uma classe de Tubocapsicum, *MPF2-like-B*, uma vez que o gene *MPF2- like-A* foi perdido do genoma. Eles são substancialmente diferentes na sua região terminal C. A caraterística marcante das proteínas MPF2-like-A é a deleção de 3 aminoácidos no domínio C e a extensão de 8 aminoácidos no C-terminal. Estruturalmente, a MPF2-like-B é o homólogo fechado da MPF2-like, mas a análise filogenética sugere que a MPF2-like-A está mais estreitamente relacionada com a MPF2. Dadas as diferenças de padrão estrutural, é tentador sugerir a divergência funcional entre estas duas classes de proteínas MPF2-like.

Por conseguinte, o isolamento de dois grupos estruturalmente diferentes de genes semelhantes ao MPF2 sugere a ocorrência de duplicação nestes géneros.

4.2 Duplicação de genes *do tipo MPF2*

As duplicações de genes e de genomas são proeminentes nas plantas e têm influenciado grandemente a sua organização e evolução (Otto e Whitton, 2000; Wendel, 2000; Simillion et al., 2002; De Bodt et al., 2005; Maere et al., 2005). Pensa-se que as duplicações de genes fornecem as matérias-primas para a evolução das novidades morfológicas (Force et al., 1999; Carroll et al., 2001; True e Carroll, 2002; He et al., 2004; Harrison et al., 2005; Mondragon-Palomono e Theissen, 2008; Des Marias e Rausher, 2008). As proteínas MADS-box são componentes integrais do desenvolvimento das plantas e especificam frequentemente a identidade dos órgãos (Sommer et al., 1990; SchwarzSommer et al., 1990; Yanofsky et al., 1990; Theissen et al., 2000). A família de genes MADS-box expandiu-se consideravelmente nas plantas através de uma série de duplicações que permitiram que os genes se diversificassem em termos de estrutura e função (Rijpkema et al., 2007). O número destes genes aumentou consideravelmente durante a evolução das plantas terrestres, de cerca de 20 no musgo *Physcomitrella patens* (Rensing et al., 2007) para mais de 100 em eucariotas superiores como *Arabidopsis thaliana* (de Folter e Angenent, 2006; Parenicova et al., 2003; Rijpkema et al., 2007). Concomitantemente, a arquitetura das plantas também aumentou em complexidade (Rijpkema et al., 2007). Enquanto a duplicação de genes individuais é uma possibilidade de fornecer um campo de jogos para a evolução, a poliploidização, seja ela auto ou alo-polipoidização, é uma alternativa, que aparentemente foi adoptada nas Withaninae. As contagens de cromossomas e os estudos moleculares sugerem poliploidia em Withania e Tubocapsicum. Uma vez que foram encontrados conjuntos duplicados de diversos genes para os genes *MPF1-like* e *MPF2-like*, como revelado pela análise da rede de vizinhos, a alo-tetraploidização é o tipo mais provável de ploidia nos dois géneros, Withania e Tubocapsicum. Normalmente, os paralogues retêm a função ancestral logo após a duplicação. À medida que a evolução progride, as mutações tornam uma das duas cópias não funcional, pois não há pressão selectiva para manter ambas as cópias funcionais. A perda ou a não-funcionalização (pseudogenização) é, portanto, o destino final dos genes duplicados. No entanto, um grande número de genes duplicados escapa à sua extinção, principalmente devido à sub-funcionalização ou neo-funcionalização (Force et al., 1999; Prince e Pickett, 2002; Mondragon-Palomono e Theissen, 2008). Portanto, a sub-funcionalização e/ou neo-funcionalização pode ser o destino esperado dos genes *do tipo MPF2* após a duplicação.

4.3 Sub-funcionalização e/ou neo-funcionalização de genes *do tipo MPF2*

As proteínas MADS-box parecem ter múltiplas funções (Riechmann e Meyerowitz, 1997) e a duplicação dos genes pode permitir a evolução de novas funções e/ou subfuncionalização (Force et al., 1999; Carroll et al., 2001; True e Carroll, 2002; He et al., 2004; Harrison et al., 2005; Irish e Litt, 2005). Um caso proeminente de sub-funcionalização, por exemplo, diz respeito à duplicação de *PLENA* (*PLE*) de *Antirrhinum majus* e sua duplicata *FARINELLI (FAR)* (Davies et al., 1999; Causier et al., 2005). *A PLE* determina a identidade dos órgãos do verticilo 3 e do verticilo 4, ou seja, um mutante *ple* apresenta conversão homeótica de estames em pétalas e carpelos em sépalas (Bradley et al., 1993), as flores dos mutantes *far* são morfologicamente normais mas parcialmente macho-estéreis (Davies et al., 1999). Em Arabidopsis, os mutantes *agamous* têm um fenótipo semelhante ao dos mutantes *ple* em Antirrhinum, mas os seus duplicados, os redundantes *SHP-1* e *SHP-2* (Irish e Litt, 2005) controlam a dispersão de sementes em Arabidopsis (Liljegren et al., 2000). Outro exemplo de diversificação através de sub-funcionalização são os genes *OsMADS3* e *OsMADS58* do clado *AGAMOUS* (*AG*) do arroz. O *AGAMOUS* em Arabidopsis regula a identidade dos órgãos reprodutivos e o meristema floral. Mas *OsMADS3* e *OsMADS58* têm funções divididas. O *OsMADS3* é recrutado principalmente para a especificação do meristema floral e para a morfogénese do carpelo, enquanto *o OSMADS3* especifica a identidade do estame e inibe o desenvolvimento das lodículas (Ymaguchi et al., 2006).

A situação de sub-funcionalização é obscura nos ortólogos de Petunia *PMADS3* e *FBP6* (Tsuchimoto et al., 1993; Kater et al., 1998), nos ortólogos da glória-da-manhã *DP* e *PN* e nos ortólogos *C1* e *D1* das rosas (Irish e Litt, 2005).

Até agora, não existem exemplos discretos de estudos sobre a duplicação de genes seguida de seleção positiva e neofuncionalização em plantas, exceto alguns genes que codificam enzimas, como as metiltioalquilmalato sintases (*MAM*) envolvidas na via do glucosinolato e as dihidroflavonol-4-redutases (*DFR*) que codificam enzimas envolvidas na via da antocinina (Benderoth et al., 2006; Des Marais e Rausher, 2008). Na maioria dos casos, os resultados baseiam-se apenas em métodos computacionais e carecem de dados funcionais completos. Um exemplo elegante de neo-funcionalização é a síndrome do cálice inflado (ICS) em Physalis, que requer a expressão heterotópica de um fator de transcrição MADS-box *MPF2*. A ausência de dois motivos CArG na região promotora a montante do gene *MPF2* é responsável pela expressão floral deste gene em Physalis, o que eventualmente leva à formação do ICS neste género (He e Saedler, 2005). Como mencionado anteriormente, todas as três funções, ou seja, ICS, desenvolvimento foliar e fertilidade masculina são realizadas por um único gene *MPF2* em Physalis. No entanto, os dois genes *semelhantes ao MPF2*, ou seja, *MPF2-like-A* e *MPF2-like-B*, duplicados devido à alopoliploidia em espécies de Withania, diferem estruturalmente e parecem ter sofrido mudanças mutacionais antes de sua evolução em Withaninae. No início da evolução, supõe-se que cada um dos dois genes possuía todas ou algumas das três funções no desenvolvimento da folha e do cálice e na fertilidade masculina. Após a poliploidização, podem ter sofrido mutações adicionais nos genes ou em elementos *cis-reguladores* que afectam o padrão de expressão dos genes e a estrutura da proteína, levando assim à sub-funcionalização e/ou neo-funcionalização (Fig. 4.1).

A sobre-expressão e as análises de dois híbridos de levedura podem fornecer as evidências funcionais para a possível ocorrência de sub-funcionalização e/ou neo-funcionalização dos genes *MPF2-like.*

4.3.1 Os genes *MPF2-like-A* estão envolvidos na formação de sépalas alargadas em Arabidopsis transgénica

Anteriormente, foi demonstrado que a expressão *do gene MPF2* é plesiomórfica e, portanto, foi assumido que a formação do ICS também pode ser plesiomórfica, pelo menos nas Physaleae (Hu e Saedler, 2007). No entanto, algumas espécies de Witheringia e Vassobia que expressam o gene *MPF2-like* em tecidos florais não formaram ICS. Mutações secundárias podem ter gerado essa diversidade, mas apenas em *Witheringia coccoloboides* o local na via ICS pôde ser identificado de forma aproximada (Hu e Saedler, 2007).

Em *Tubocapsicum anomalum, o MPF2-like-A* está ausente e *o MPF2-like-B* é expresso em botões florais, mas, apesar disso, não há formação de ICS. Uma vez que, ao contrário do *MPF2* (He e Saedler, 2006) ou do *MPF2-like-A,* a sobre-expressão do *MPF2-like-B* em Arabidopsis transgénica não produziu sépalas grandes, sugerindo que *o MPF2-like-B* é deficiente no que diz respeito à formação de ICS também em Tubocapsicum e, assim, apoia a hipótese de perda secundária da formação de ICS nas Physaleae.

A observação de que *o MPF2-like-A*, em vez do *MPF2-like-B*, é expresso em tecidos florais em *Withania somnifera,* pode sugerir que *o MPF2-like-A* controla a formação do ICS nesta espécie. Esta hipótese é corroborada pelo fenótipo das sépalas grandes das plantas transgénicas de Arabidopsis que exprimem em excesso *o MPF2-like-A* (*WSA206*). O fenótipo de sépalas alargadas imita o fenótipo de superexpressão de *AGL24* (He et al., 2004). No entanto, existem algumas diferenças entre os dois superexpressores, ou seja, *WSA206* e *AGL24.* Em primeiro lugar, o sobre-expressor *AGL24,* na maioria dos casos, abriga uma flor secundária sem pétalas (Liu et al., 2007). Em segundo lugar, o comprimento do pedicelo do sobre-expressor *WSA206* é tremendamente aumentado. Curiosamente, o fenótipo não requer a aplicação externa de citocinina, em contraste com *MPF2* e *STMADS16,* que precisam essencialmente da administração externa de citocinina para gerar uma estrutura semelhante a uma lanterna em Arabidopsis, reminiscente de ICS em Physalis (He e Saedler, 2007). Mas este crescimento alargado da sépala sem citocinina é coincidente com a formação de sépala foliose em *A. thaliana* como resultado da expressão ectópica de *ZMM19,* um ortólogo de *MPF2* em *Zea mays* (Münster et al., 2002a).

Geralmente, prevê-se que as plantas transgénicas transformadas com o gene YFP impulsionado pelo promotor CaMV 35S apresentem uma forte expressão de YFP ubiquamente em todos os tecidos e células. Nesta experiência, embora tenham sido detectados sinais fortes de YFP nas sépalas das plantas *35S:WSA206,* os sinais das plantas transformadas com os genes *WSB206, TAB201* e o vetor vazio foram fracos. A baixa intensidade dos sinais YFP nas plantas transgénicas pode dever-se à interferência do mecanismo de defesa da planta hospedeira. São conhecidas proteínas que podem suprimir a degradação pela planta hospedeira. A P19 faz parte de uma classe de proteínas de vírus de plantas e animais que se sabe interferirem com um mecanismo de defesa do hospedeiro, referido como silenciamento de ARN, que tem como alvo ARNs estranhos (vírus e retrotransposão) de uma forma específica da sequência para degradação (Molnar et al., 2005). Portanto, propõe-se uma infiltração transitória de folhas de *N. benthamiana* com construções contendo proteínas do tipo MPF2 misturadas com proteínas P19 para superar a defesa do hospedeiro e melhorar a intensidade do sinal YFP.

O fenótipo da Arabidopsis transgénica com sobre-expressão de *MPF2-like-B* (*WSA206*) é indistinguível das plantas de Arabidopsis de tipo selvagem, sugerindo que este gene também é deficiente na formação de ICS, semelhante ao *MPF2-like-B* de Tubocapsicum.

Por conseguinte, as funções dos genes MPF2-like-A e MPF2-like-B são diferentes. De forma inequívoca, os genes *MPF2-like-A* estão envolvidos na ICS. Para além do seu papel putativo no desenvolvimento da folha, a função dos genes *MPF2-like-B* permanece obscura.

4.3.2 As proteínas de controlo do desenvolvimento floral de Arabidopsis interagem com as proteínas MPF2-like-A mas não com as proteínas MPF2-like-B

Sabe-se que MPF2 interage com outras proteínas MADS-box para formar hetero- ou mesmo oligómeros superiores (He et al., 2007). Estes podem controlar a divisão celular quer nas folhas quer no cálice, dependendo dos seus parceiros de interação.

A diferenciação das proteínas MPF2-like é ainda mais evidente pelas suas diferentes afinidades com interactivos de Solanaceous e Arabidopsis. As interações das proteínas MPF2-like-A (WSA206) preferencialmente com proteínas de Arabidopsis, tais como SEP1, SEP2, SEP3, SEP4, SOC1, MAF1, MAF3, MAF4, etc., envolvidas na regulação da floração, apoiam a noção de que estas proteínas podem estar envolvidas na formação de ICS através da interação com proteínas reguladoras da floração. A incapacidade das proteínas MPF2-like-B (WSB206) de interagir com qualquer uma das proteínas de floração de Arabidopsis sugere as diferentes funções para elas, para além da ICS. As suas interações com as proteínas IAA16, EMB1417, ATSIP, AKIN e MYB4 podem aludir ao papel no desenvolvimento da folha, do embrião, da semente e/ou da raiz. Com a proteína MPF2- like-B de Tubocapsicum (TAB201), a interação de algumas proteínas de floração (SOC1, MAF1 e MAF5) está correlacionada com a sua expressão nativa na flor. Os padrões gerais de interação sugerem que as proteínas MPF2-like-B de Tubocapsicum são intermédias entre as proteínas MPF2- like-A de Withania e as proteínas MPF2-like-B de Withania. Por um lado, elas interagem com proteínas de Arabidopsis envolvidas na regulação do desenvolvimento da flor, como a Withania MPF2-like-A (WSA206), enquanto que, por outro lado, interagem com proteínas de domínio não-MADS, semelhantes às proteínas Withania MPF2-like-B (WSB206). Por conseguinte, as proteínas MPF2-like-B de Tubocapsicum têm um comportamento misto. A interação de todas as proteínas MPF2-like com proteínas de domínio não-MADS (AKIN10, proteína contendo o domínio C2, PADI, EMBRYO DEFECTIVE, proteínas desconhecidas de Arabidopsis) reflecte pelo menos algumas funções comuns entre elas, que podem provavelmente ser o desenvolvimento da folha.

4.3.3 As proteínas do tipo MAGO NASHI das solanáceas interagem com as proteínas do tipo MPF2-B mas não com as do tipo MPF2-A

Uma das funções importantes de MPF2 em Physalis é a função de fertilidade masculina. Como, no entanto, MPF2 interage também com PFMAGO, um ortólogo de mago nashi de Drosophila conhecido por controlar a formação de descendência (Boswell et al., 1991; Newmark e Boswell, 1994), um papel que pode servir em Physalis também (He et al., 2007).

O primeiro gene mago nashi (que significa "sem netos" em japonês) foi identificado em Drosophila, como um gene de efeito maternal estrito. É necessário para a formação dos eixos embrionários e para a determinação das células germinativas (Boswell et al., 1991; Newmark e Boswell, 1994; Micklem et al., 1997; Newmark et al., 1997). Funciona sempre em conjunto com uma proteína de ligação ao ARN, conhecida como Y14 em Xenopus (Kataoka et al., 2000), RBM8A em humanos (Zhao et al., 2000), e Tsunagi em Drosophila (Mohr et al., 2001), uma proteína que se desloca entre o núcleo e o citoplasma (Hachet e Ephrussi 2001, 2004; Kim et al., 2001). O homólogo 1st de mago nashi encontrado em plantas foi isolado e caracterizado em *Oryza sativa* (Swidzinski et al., 2001) e descobriu-se que mutações de mago nashi causam esterilidade em *A. thaliana* (Johnson et al., 2004; Pagnussat et al., 2005).

Ao investigar a função de fertilidade, cenários semelhantes ao MPF2 podem ser assumidos também para as proteínas MPF2- like. Quando ambas as proteínas MPF2-like-A (WSA206) e MPF2-like-B (WSB206) de Withania são testadas quanto à sua interação com as proteínas MAGO NASHI-like de Withania (WSMAGO1 e 2-), Tubocapsicum (TAMAGO1 e 2-) e Physalis (PMAGO1 e 2-), surpreendentemente apenas as proteínas MPF2-like-B puderam mostrar afinidades com as proteínas MAGO NASHI de Solanáceas. Este é o primeiro indício da função das proteínas MPF2-like-B. Isto leva a supor que existe um possível papel da proteína MPF2-like-B na fertilidade, porque MPF2, juntamente com PFMAGO1 e 2-, está provavelmente envolvido na função de fertilidade em Physalis. Um estudo da expressão dos genes *MAGO NASHI-like* em Withania e Tubocapsicum pode revelar o seu papel na via da fertilidade. A capacidade das proteínas MPF2-like-B de Tubocapsicum de mostrarem afinidades por algumas das proteínas MAGO NASHI-like apoia ainda mais o seu papel intermediário entre as proteínas MPF2-like de Withania.

4.3.4 As proteínas de controlo do período de floração de Arabidopsis interagem com as proteínas MPF2-like-A mas não com as MPF2-like-B

Os genes do domínio MADS estão envolvidos na transição para a floração em Arabidopsis (Borner et al., 2000; Masiero et al., 2004; Lee et al., 2007; Kim et al., 2008; Veley et al., 2008). O mutante svp apresenta floração precoce sem apresentar outros fenótipos óbvios (Hartmann et al., 2000). A perda ou redução da atividade de AGL24 por interferência mediada por RNA de cadeia dupla (dsRNA) resulta numa floração tardia dependente da dosagem, enquanto a sobre-expressão de *AGL24* sob o promotor CaMV 35S leva a uma floração precoce (Yu et al., 2002b). A supressão de genes do período de floração como *SVP*, *AGL24* e *SOC1* por *AP1* ou *LEAFY* resulta na transição da fase vegetativa para a fase floral (Liu et al., 2007). Os genes de controlo da floração *AGL24* e *SVP*, pertencentes ao clado de genes *STMADS11* (Gregis et al., 2006, Liu et al., 2007), são os chamados ortólogos de genes *do tipo MFP2* em Arabidopsis. Portanto, para além do seu papel no ICS, fertilidade e desenvolvimento foliar, um outro papel das proteínas MPF2-like-A e MPF2- like-B de Tubocapsicum no controlo do tempo de floração pode ser assumido intuitivamente. Esta suposição é apoiada não só pelas suas interações com as proteínas AGL20 e MAF1, MAF3 e MAF4, mas também pela conservação de muitos sítios para INDETERMINATE1 (ID1) em todas as sequências do promotor e do primeiro intrão *da MPF2-like*. Assim, as proteínas MPF2-like-A de Withania (WSA206) e MPF2-like-B de Tubocapsicum (TAB201) podem ser recrutadas para regular o tempo de floração, ao contrário da proteína WSB206 que não mostra afinidade por proteínas envolvidas no controlo do tempo de floração, em sistema de levedura.

Atualmente, está a ser realizada uma experiência sobre o papel das proteínas MPF2-like no controlo da floração em Arabidopsis transgénica.
A razão para as diferenças nas propriedades de interação das proteínas do tipo MPF2 pode dever-se à sua região C-terminal altamente variável, que é geralmente conhecida por influenciar as propriedades de interação. Este facto é apoiado pela presença de um motivo repressor de 8 aa de comprimento (motivo R) no terminal C das proteínas MPF2-like-A. A remoção do motivo R das proteínas MPF2-like-A e a sua adição às proteínas MPF2-like-B provoca a auto-ativação de ambas as proteínas. Atualmente, estão em curso experiências de troca de domínios no sistema de duas hibridizações em levedura para caraterizar completamente o papel do motivo R.
Por conseguinte, a MPF2-like-B poderá ter funções diferentes. Isto pode já estar refletido no seu padrão de expressão.

4.3.5 A expressão dos genes *MPF2-like-A* e *MPF2-like-B* difere nos dois géneros

O *MPF2-like-A* (*WSA206*) é expresso em espécies de Withania tanto em tecidos vegetativos como em tecidos florais; a expressão do *MPF2-like-B* (*WSB206*) é restrita aos tecidos vegetativos. Isso é diferente em Tubocapsicum, no qual *MPF2-like-B* (*TAB201*) também é expresso em órgãos florais. Análises da sequência do promotor revelaram que uma CArG-box altamente conservada está ausente no gene *MPF2-like-B* de Withania a montante do sítio de iniciação da transcrição. Algumas proteínas MADS-box envolvidas no desenvolvimento da flor reconhecem esse motivo de ligação ao DNA (de Folter e Angenent, 2006). A presença desse motivo no promotor do *MPF2-like-B* de Tubocapsicum pode garantir a expressão floral e, portanto, contribuir para a fertilidade dessa espécie, assim como o MPF2 em Physalis (He e Saedler, 2005). Isto é corroborado pela interação de TBA201 com SEP1, SEP3, SEP4, SOC1, MAF1 e MAF4, que são proteínas de floração expressas na flor. Além disso, as proteínas MPF2-like-B (TAB201) de Tubocapsicum exibem afinidades com as proteínas MAGO NASHI-like de Solanaceous, ortólogas de mago nashi de Drosophila, conhecidas por controlar a formação de descendência (Boswell et al., 1991; Newmark e Boswell, 1994), supostamente envolvidas na fertilidade. No entanto, apenas a complementação de um mutante *MPF2-like* deficiente em fertilidade masculina poderia verificar a especulação de que TAB201 é necessário para a fertilidade masculina em Tubocapsicum. Infelizmente, esse mutante não está disponível atualmente.
No entanto, em Withania, *o MPF2-like-B* não é expresso nos órgãos florais e a caixa CArG conservada está ausente no seu promotor. Uma vez que a expressão de MPF2-like-B (WSB206) em Withania pode ser mascarada por MPF2-like-A (WSA206) nos tecidos foliares, uma questão relativa à função de MPF2-like-B ainda está por responder. Embora exista um pequeno indício do papel de MPF2-like-B em Withania na forma da sua interação com as proteínas MAGO NASHI-like de Solanaceous. Mas essa proteína não interage com nenhum dos interatores de proteínas de floração como SOC1, SEP1, SEP3, SEP4, MAF1, MAF3 e MAF5 e, nativamente, não é expressa na flor, o que exclui seu possível papel na fertilidade. Nestes cenários, a função de fertilidade masculina nesta espécie poliploide pode, portanto, ser fornecida por MPF2-like-A. Este facto é apoiado por alterações fenotípicas na morfologia das síliquas quando este gene é sobre-expresso em Arabidopsis. Em casos graves, as síliquas são desprovidas de sementes. Além disso, as interações de proteínas de floração do domínio MADS, tais como SOC1, SEP1, SEP2, SEP3, SEP4, MAF1, MAF3 e MAF4, exclusivamente com MPF2-like-A, confirmam o seu possível papel na fertilidade. Algumas questões permanecem em aberto: porque é que *o MPF2-like-B* de Withania não se perdeu do seu genoma, tal como *o MPF2-like-A* de Tubocapsicum, ainda está sob seleção e, em caso afirmativo, para que função do MPF2-like?

4.3.6 Os genes *do tipo MPF2* são regulados de forma diferente

Embora a expressão dos genes *MPF2-like-B* em Withania esteja confinada apenas às folhas, as análises de expressão do promotor GUS em Arabidopsis sugeriram uma forte ativação do gene GUS na inflorescência sob os promotores *MPF2-like-B*. A expressão floral é inesperada no caso dos genes *MPF2-like-B* de Withania. Muitas especulações podem ser apresentadas para explicar esta expressão paradoxal. Uma possibilidade, que pode afetar a expressão, é a natureza heteróloga do hospedeiro. A Arabidopsis é evolutivamente bastante distante da Withania. Ele (resultados não publicados) obteve resultados semelhantes ao analisar a expressão do promotor GUS para os genes *MPF2* e *STMADS16* em Arabidopsis transgénica. Nativamente, *STMADS16* é expresso apenas no tecido foliar e *MPF2* tanto na flor quanto nas folhas. Contrariamente às expectativas, na Arabidopsis transgénica os padrões de expressão inverteram-se. A expressão *de STMADS16* em comparação com *MPF2* foi mais forte nas flores. Outra possibilidade pode ser que os genes *MPF2-like-B* de Withania sejam expressos no tecido floral, mas de forma muito fraca. Um estudo detalhado da expressão dos genes *MPF2-like* de Withania em órgãos florais individuais com PCR em tempo real e hibridização *in situ* pode ajudar a descobrir completamente as diferenças de expressão entre os genes *MPF2-like-A* e *MPF2-like-B*.
As diferenças na regulação dos genes *MPF2-like-A* e *MPF2-like-B* são também evidentes a partir dos seus diferentes padrões de expressão intron-GUS em Arabidopsis transgénica. Geralmente, o primeiro intrão

suprime a expressão dos genes *MPF2-like* nas folhas. Com a análise Mulan, para além da região promotora, foram identificadas duas CArG-boxes em cada um dos 1st intrões dos genes *MPF2-like*. A evidência sobre a presença de elementos reguladores nos intrões está a aumentar. Os intrões podem afetar significativamente a expressão genética nas plantas e em muitos outros eucariotas de várias formas. Alguns intrões contêm elementos potenciadores ou promotores alternativos. Tanto a regulação positiva como a negativa podem ser mediadas por sequências reguladoras nos intrões (Rose, 2004, 2008). Liu et al., (2007) identificaram uma CArG-box no terceiro intrão do gene *AGL24* de Arabidopsis, que é um sítio putativo de ligação AP1. A mutação desta CArG-box causa a expressão ectópica de *AGL24* em meristemas florais jovens.

Nesta experiência, os resultados demonstram que não são detectados sinais GUS nos tecidos foliares de Arabidopsis quando transformados com o promotor mais o intrão dos genes *MPF2-like-B*. Do mesmo modo, são detectados sinais muito fracos de YFP em folhas *de N. benthamiana* transientemente transformadas com o promotor mais o intrão. Por outro lado, sinais fortes para GUS e YFP são observados em folhas transformadas apenas com o promotor. Estas observações sugerem que os intrões estão a suprimir a expressão de genes *do tipo MPF2*. As explicações potenciais para a supressão da expressão de GUS e YFP no tecido foliar por intrões são muitas. Em primeiro lugar, o comprimento da inserção é de cerca de 5kb, o que pode causar problemas na tradução. Em segundo lugar, a inclusão do domínio MADS na inserção pode traduzir uma proteína truncada, que pode reprimir a expressão do gene GUS. Em terceiro lugar, a presença de alguns elementos repressores nos intrões pode ter um efeito inibitório sobre a expressão. A terceira possibilidade parece ser a razão mais plausível para a falta de expressão de GUS, bem como para a baixa intensidade dos sinais YFP. Porque, ao analisar as sequências de intrões, os AuxREs (elementos do fator de resposta à auxina), que são locais de ligação para o ARF (fator de resposta à auxina), puderam ser identificados em todas as sequências de intrões, exceto na *WSA206* (*MPF2-like-A*). Os AuxREs podem mediar tanto a ativação como a repressão (Ulmasov et al., 1999a; Ulmasov et al., 1999b; Guilfoyle e Hagen, 2007). Os elementos do fator de resposta à auxina desempenham um papel na regulação do crescimento e desenvolvimento das plantas (Lisum, 2002). Nesta experiência, a expressão de GUS nas folhas de Arabidopsis é exibida apenas pela construção intron-GUS deste gene, enquanto todas as outras suprimem a expressão. Assim, o ARF pode regular a expressão de genes *do tipo MPF2* em Arabidopsis, que na maioria dos casos é suprimida.

4.4 Diferentes modelos para o destino esperado dos genes *do tipo MPF2*

Já foi mencionado que as proteínas do tipo MPF2 se duplicaram nos Withaninae, provavelmente devido à alo-tetraploidização. Vários modelos para o destino esperado de genes duplicados foram propostos anteriormente. Alguns deles incluem neo-funcionalização (NEO-F), duplicação-degeneração-complementação (DDC) e escape de conflito adaptativo (EAC) (Mondragon-Palomono e Theissen, 2008; Des Marais e Rausher, 2008). Normalmente, a não funcionalização é um destino frequente dos genes duplicados. No entanto, a maioria dos genes duplicados escapa à sua extinção devido à sub-funcionalização ou neo-funcionalização (Mondragon-Palomono e Theissen, 2008). No caso da sub-funcionalização, a função original de um gene é dividida entre os seus descendentes, principalmente devido a mutações nos elementos *cis-reguladores* em cada parálogo (Force et al., 1999; Prince e Pickett, 2002; Mondragon-Palomono e Theissen, 2008). Se esta consideração for aplicada aos genes *MPF2-like-A* e *MPF2-like-B* de Withania, ambos partilham a função de desenvolvimento foliar com alterações nas sequências promotoras, tais como a presença de CArG-box em *MPF2-like-A* e a ausência em *MPF2-like-B*. Portanto, basicamente, isso se encaixa na ocorrência de sub-funcionalização nesses genes. No entanto, diferenças marcantes nas estruturas dos genes *MPF2-like-A*, especialmente, uma deleção de 3 aa e uma extensão de 8 aa na região C-terminal e seleção darwiniana positiva sugerem uma nova função para este gene. De acordo com o modelo NEO-F, novas funções surgem após a duplicação de genes, com uma cópia mantendo a função ancestral, enquanto a segunda cópia sofre uma mudança adaptativa e é selecionada para desempenhar uma nova função. Se apenas os genes *MPF2-like-A* e *MPF2-like-B* de Withania estiverem em causa, o MPF2-like-B mantém a função básica de desenvolvimento da folha, enquanto o MPF2-like-A, após seleção positiva, juntamente com alterações nos elementos *cis-reguladores* nas regiões promotoras, ganha uma nova função na forma de expressão do MPF2- like-A na flor e, eventualmente, no controlo da formação do ICS, o que leva apenas à neofuncionalização deste gene. De acordo com o modelo EAC, a mutação adaptativa ocorre em ambas as cópias duplicadas. Isto, intuitivamente, não é o cenário aqui porque MPF2-like-A é selecionado positivamente enquanto MPF-like-B está sob seleção purificadora. Em conclusão, nenhum dos modelos é realmente aplicável à evolução do ICS quando mais amostras de espécies são incluídas. A situação complica-se quando se inclui Tubocapsicum, que perdeu os genes *MPF2-like-A* e *o MPF2-like-B* não é capaz de formar ICS.

Os genes *MPF1-like* constituem outro grupo de genes, que são duplicados como resultado da alo-tetraploidização nas Withninae. Não há perda de genes no caso de Tubocapsicum, pois tanto *o MPF1-like-A* quanto *o MPF1-like-B* puderam ser isolados. Em comparação com as proteínas MPF2-like, as proteínas MPF1-

like não divergem nas suas estruturas tão dramaticamente como as MPF2-like e não mostram seleção darwiniana positiva durante a evolução direcional. Assim, a ocorrência de neofuncionalização não é naturalmente esperada destes genes nos Withaninae.

4.5 Evolução dos genes *do tipo MPF2* e origem do ICS

Como já foi mencionado na secção anterior, a expressão de genes *do tipo MPF2* nas Physaleae é um traço plesiomórfico e, portanto, o desenvolvimento de ICS também pode ser um traço básico (Hu e Saedler, 2007). De acordo com esta suposição, todas as Physaleae deveriam naturalmente formar ICS. No entanto, em algumas espécies de Physaleae, como *Witheringia solanacea, Witheringia coccoloboides* e *Vassobia breviflora*, embora a expressão do gene *MPF2-like* seja observada, não há formação de ICS. Durante a evolução dessas espécies, elas podem ter perdido o ICS, devido a mutações secundárias na via do ICS (He e Saedler, 2007; Hu e Saedler, 2007).

No entanto, a plesiomorfia da expressão genética não exclui a origem da ICS. No caso de Withania e Physalis, dois eventos independentes poderiam ter levado à ICS durante a evolução destes géneros. Os dois tipos de proteínas MPF2-like-A (Withania) e MPF2-like (Physalis) têm assinaturas bastante divergentes: uma deleção de 3 aminoácidos e uma extensão de 8 aminoácidos na extremidade carboxil-terminal caracterizam a MPF2-like-A, ambas as caraterísticas estão ausentes nas proteínas MPF2-like. Na evolução do ICS em Withania e em Physalis, ambas as proteínas estiveram subjacentes à seleção darwiniana positiva antes da separação dos géneros e da especiação dentro dos géneros. Estes últimos ramos estavam sob seleção purificadora, resultando na estabilidade evolutiva destas proteínas e mantendo assim a caraterística recentemente desenvolvida: ICS. No entanto, a deleção de 3 aa

e 8 aa sugere que este cenário também não é provável que prevaleça, uma vez que tais caraterísticas podem ter surgido em resposta a visitas de transposão durante a evolução destas proteínas. Os transposões poderiam ter gerado uma proteína MPF2-like-A a partir de um progenitor MPF2-like. Sabe-se que os transposões das plantas geram deleções e inserções de sequências de ADN após a excisão do seu local de integração (Schwarz-Sommer et al., 1985). Se o local de visitação ocorrer dentro de um exão, a excisão do elemento pode dar origem a uma mutação de frameshift (Paz-Ares et al., 1990; Singer et al., 1998). Extensões c-terminais de proteínas MADS-box devidas a mutações frameshift foram discutidas em relação à sub-(neo)-funcionalização dessas proteínas (Vandenbussche et al., 2003).

A deleção de três aminoácidos é uma assinatura do MPF2-like-A e é compartilhada por STMADS16 de *S. tuberosum,* Nt002 de *Normania triphylla*, Ss001 de *Solanum sisymbriifolium* e o MSM2 de *S. macrocarpon* (He e Saedler, 2005). No entanto, a deleção de 3 aminoácidos parece não contribuir para a formação do ICS, principalmente porque *S. sisymbriifolium* e *S. macrocarpon* apresentam sépalas grandes após a polinização (dados não mostrados). Isto é apoiado pelo fenótipo semelhante ao ICS das plantas transgénicas *de S. tuberosum* que expressam em excesso STMADS16 no seu hospedeiro nativo, desde que a hormona vegetal citocinina (6-BAP) também esteja disponível. Além disso, o fenótipo de sépalas grandes das plantas transgénicas de Arabidopsis que expressam em excesso o STMADS16 na presença de citocinina reforça ainda mais esta hipótese (He e Saedler, 2006).

Por outro lado, o efeito das extensões longas de 8 aminoácidos, outra caraterística desta proteína das proteínas MPF2-like-A, sobre a função da ICS permanece indeterminado. Estão em curso experiências de troca de domínios, seguidas de estudos fenotípicos de plantas transgénicas, que poderão clarificar a situação.

Em tal cenário, o progenitor comum do MPF2-like-A de Withania e do MPF2 de Physalis já tinha a função ICS e, portanto, a seleção do ICS teria sido um evento monofilético. No entanto, atualmente, o padrão de distribuição e as funções de ambos os tipos de genes dentro das Solanaceae não são, infelizmente, conhecidos. Uma amostragem mais alargada dentro das Physaleae basais, incluindo Cuatresia (Olmstead e Bohs, 2007), poderá ser reveladora na avaliação da origem proposta para o ICS. Em qualquer caso, uma vez que os dois genes *MPF2-like-A* e *MPF2-like-B* evoluíram em linhagens independentes, a sub- (neo)-funcionalização poderia ter começado numa linhagem poliploide, como nas Withaninae.

À primeira vista, a MPF2-like-B é mais semelhante em padrões proteicos à MPF2-like do que a MPF2- like-A, mas funcionalmente perdeu a capacidade de causar ICS. No entanto, apesar da sua disparidade de sequência, as duas últimas proteínas partilham a função de formação de ICS, possivelmente devido a pressões de seleção semelhantes.

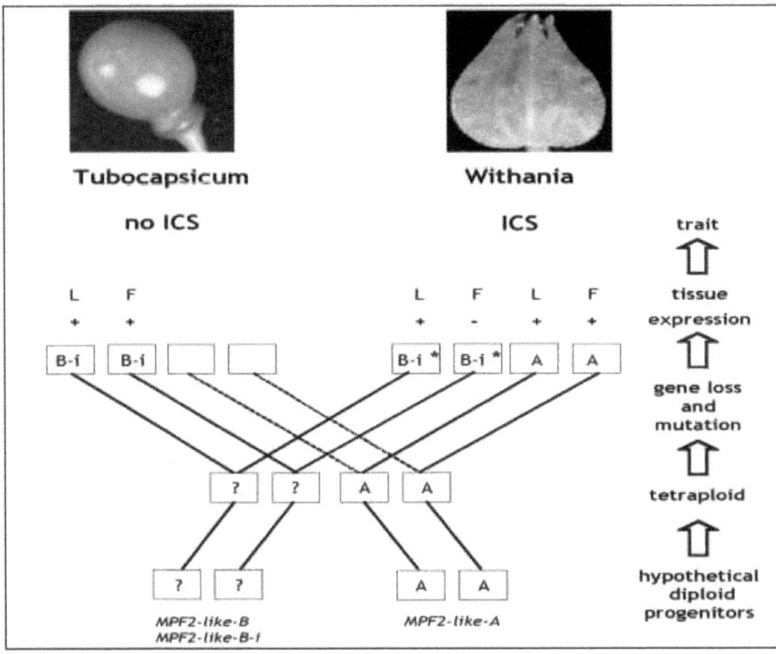

Figura 4.1: Eventos evolutivos da história dos genes *do tipo MPF2*
Com base nas caraterísticas estruturais e funcionais dos genes *MPF2-like*, é apresentada a história evolutiva proposta para estes genes. Presume-se que os genes *do tipo MPF2* já tinham divergido nas suas funções. O seu hipotético progenitor diploide, de alguma forma, era proficiente em realizar algumas ou todas as funções dos genes *MPF2-like* nos tetraplóides Withania e Tubocapsicum. Estas funções incluem o desenvolvimento da folha, a formação de ICS e a fertilidade masculina. Durante a evolução, duas possibilidades poderiam existir. Uma é que as mutações podem ter-se acumulado nestes dois grupos de genes *MPF2-like-A* e *MPF2-like-B* antes da alo-tetraploidização. Alternativamente, vários eventos mutacionais podem ter ocorrido após a alo-tertaploidização nas duas linhagens. Durante esse período, ambas as linhagens seguiram os procedimentos normais de especiação e adquiriram seus destinos evolutivos, ou seja, nenhuma mudança funcional, pseudogenização, perda de genes, inovação de promotores, sub e/ou neo-funcionalização, etc. Na linhagem Tubocapsicum, o gene *MPF2-like-A* foi perdido do genoma. Enquanto as mutações tornaram o gene *MPF2-like-B* deficiente na formação de ICS, embora o gene *MPF2-like-B* seja certamente expresso em órgãos florais também, mas claramente nenhum ICS é observado na realidade. A sequência mutante *MPF-like-B* é denotada por B-i enquanto o tipo selvagem é mostrado como B. Ao contrário de Tubocapsicum, o gene *MPF2-like-A* em Withania de alguma forma desempenhou sua função normal na forma de formação de ICS. Mas *o MPF2-like-B* sofreu uma mutação no promotor de tal forma que sua expressão se tornou restrita apenas ao tecido foliar e, portanto, tornou-se prejudicada na formação do ICS. Um asterisco marca a alteração do promotor do gene *MPF2- like-B* em Withania.

4.6 Diferentes pressões de seleção e diversidade de ICS em espécies de Withania

A evolução rápida impulsionada pela seleção darwiniana positiva é um tema recorrente na evolução adaptativa; no entanto, a seleção positiva nunca foi demonstrada para proteínas envolvidas em novidades morfológicas. Portanto, a evolução direcional das proteínas MPF2-like-A e MPF2-like-B foi testada em Withaninae e as proteínas MPF2-like em Physalis. Na evolução do ICS em Physalis e em Withania, um progenitor de ambas as proteínas parece ter estado sob seleção darwiniana positiva antes da separação dos géneros e da especiação dentro dos géneros. Mais tarde na evolução, no entanto, a seleção purificadora aparentemente dominou, resultando na estabilidade evolutiva das proteínas e, assim, mantendo a caraterística recém-desenvolvida: ICS. Portanto, a seleção darwiniana da proteína *MPF2-like-A* em Withania pode indicar a seleção da própria caraterística ICS. As especulações sobre a pressão de seleção para gerar ou manter a ICS são muitas. Uma possibilidade envolve a geração ou a manutenção de um microclima dentro da lanterna que fornece humidade para a baga em desenvolvimento num ambiente mais seco. Isto levaria à hipótese de que, quanto maior for a humidade, menor será o grau de insuflação do cálice. Para este efeito, a precipitação média em diferentes regiões do mundo, nas quais Withania e Tubocapsicum são endémicas, foi registada a partir de diferentes fontes meteorológicas na Internet (dados não apresentados). Os dados parecem apoiar a hipótese acima. O género Tubocapsicum prefere o clima húmido. Como as bagas em desenvolvimento não precisam de humidade, têm apenas um cálice rudimentar. Merrill (1923) encontrou o Tubocapsicum formador de não-ICS expondo a sua baga em ambientes húmidos, isto é, crescendo em "floresta musgosa" a 1800 m a 2200 m e ao longo de riachos em ravinas sombreadas a baixas e médias altitudes nas Filipinas. As espécies de Withania que apresentam ICS semi-suculentas e papeleiras, especialmente *W. somnifera* e *W. coagulans*, que cobrem perfeitamente as suas bagas, preferem habitats mais secos (Hepper, 1991), por exemplo no noroeste da Índia e na província do Baluchistão (a precipitação média é de 50-70 mm por ano) do Paquistão (Negi et al., 2000). As bagas carnudas de *W. aristata*, endémicas das regiões xéricas das Ilhas Canárias, fazem parte da dieta frugívora do lagarto *Gallotia galotti* (Valido et al., 2003), o que pode indicar que a lanterna desta planta mantém a suculência da baga durante toda a estação seca. Assim, não só o gene *MPF2-like-A* mas também a própria caraterística ICS podem ser selecionados, tal como revelado pela preferência de habitat por diferentes espécies dos géneros.

Em conclusão, o ganho e a perda de função desempenharam um papel na história evolutiva das Physaleae, como exemplificado pela seleção darwiniana positiva de proteínas semelhantes a MPF2, levando à formação de ICS e mutações secundárias que afetam essa via e modificam a caraterística (He e Saedler, 2007; Hu e Saedler, 2007). Este pode ser um processo contínuo, que pode ser estudado mais profundamente nas Physaleae basais.

Em suma, a metodologia de estudos anteriores sobre as duplicações e diversificação de genes envolvidos em novidades evolutivas baseou-se em grande parte na análise da sequência de ADN, mas careceu de ensaios funcionais de genes duplicados, gerando frequentemente resultados ambíguos. Neste estudo, foi utilizada uma amálgama de abordagens computacionais e experimentais para abordar as questões relacionadas com a duplicação, sub-(neo)-ficcionalização, seleção e diversificação de genes subjacentes às novidades morfológicas evolutivas. Estes resultados demonstram a contribuição da duplicação de genes para a adaptabilidade dos organismos e mostram o poder da combinação da análise de sequências e de ensaios funcionais para delinear a base molecular das novidades morfológicas. Os resultados aqui relatados, portanto, não são apenas de importância fundamental para explicar como a novidade do cálice evoluiu e foi mantida em Physaleae. Mas também fornecem um bom exemplo do uso de "mutantes evolutivos" selvagens para dissecar variações complexas de caraterísticas. Além disso, estas descobertas também promoverão o estudo da seleção darwiniana na compreensão e manutenção da biodiversidade.

Capítulo 5

5 Resumo

Esta tese trata da base molecular da evolução das novidades morfológicas em Solanaceae. O objetivo é contribuir para a compreensão da sub-funcionalização e/ou neofuncionalização dos genes envolvidos. A metodologia de estudos anteriores baseou-se largamente na análise de sequências de ADN, mas careceu de análises funcionais de genes duplicados, gerando frequentemente resultados ambíguos. Neste estudo, uma amálgama de abordagens computacionais e experimentais foi empregada para abordar as questões relacionadas à duplicação, sub e/ou neofuncionalização, seleção e diversificação de genes subjacentes à novidade morfológica evolutiva da Síndrome do Cálice Inflado (ICS) prevalecente nos Withaninae. No género Withania, tal como em Physalis, as sépalas retomam o crescimento após a polinização para encapsular o fruto maduro, formando uma estrutura semelhante a um balão denominada ICS. Enquanto as espécies de Withania apresentam uma diversidade de cálices inflados, Tubocapsicum, um parente próximo, tem apenas um cálice rudimentar. As hormonas vegetais, como a citocinina e a giberelina, podem imitar os sinais de fertilização e são essenciais para a formação do ICS em Withania. Na espécie diploide *Physalis floridana*, um gene único, *o MPF2*, pertencente à família de genes MADS-box, além de controlar a formação do ICS, é responsável pelo desenvolvimento das folhas e pela fertilidade masculina. No entanto, o facto de Withania ser um tetraploide, como é evidente a partir da avaliação da ploidia, oferece a possibilidade de separar estas funções. Duas classes de ortólogos de *MPF2-like*, *MPF2-like-A* (i.e. *WSA206*) e *MPF2-like-B* (i.e. *WSB206*), foram isoladas de Withania, mas apenas uma classe de Tubocapsicum, *MPF2-like-B (TAB201)*, uma vez que um gene *MPF2-like-A* não existe no genoma. Embora as suas estruturas genéticas sejam semelhantes, as proteínas MPF2-like-A têm uma estrutura aberrante em relação à MPF2 de Physalis. As proteínas MPF2-like-A apresentam uma deleção de 3aa na sua região C-terminal e uma adição de 8 aa no seu C-terminal. No entanto, parecem estar filogeneticamente mais próximas do MPF2 do que as proteínas MPF2-like-B. Foi observada uma seleção darwiniana positiva no ramo que conduziu às proteínas MPF2-like de Physalis e MPF2-like- A de Withania. As proteínas MPF2-like de espécies não formadoras de CIs, bem como todas as proteínas MPF2-like-B, estavam sob seleção purificadora. A sobre-expressão de um gene *MPF2-like-B* (*WSB206*) em Arabidopsis não demonstrou um fenótipo diferente do tipo selvagem, mas *o MPF2-like-A* (*WSA206*) causou um enorme aumento das sépalas e alterações no número e na morfologia dos frutos, indicando que as funções das duas proteínas são diferentes. Este facto é apoiado pelos seus padrões de expressão divergentes. Em Withania, o gene *MPF2-like-A* é expresso em tecidos vegetativos e florais e, portanto, está correlacionado com a formação de ICS, enquanto a expressão do gene *MPF2-like-B* é restrita apenas aos tecidos vegetativos. Isto é diferente em

Tubocapsicum, onde o gene *MPF2-like-B* é expresso em todos os tecidos testados, mas a formação de ICS é prejudicada.

As análises bioinformáticas das sequências do promotor e do primeiro intrão dos genes *MPF2-like* revelaram que uma caixa CArG conservada - sítio de ligação putativo para AG, SEP1, SEP4, AGL1, AGL15 - perto do sítio de iniciação da transcrição está presente em todos os promotores *MPF2-like*, exceto no *MPF2-like B* de Withania (*WSB206*), enquanto os elementos de resposta à auxina (AuxREs) não estão presentes no *MPF2-like-A,* mas encontram-se em todos os genes *MPF2-like-B* numa região altamente conservada de 100 pares de bases em diferentes posições nos primeiros intrões. Os promotores de ambos os genes *MPF2-like-A* e *MPF2-like-B* conduzem a uma forte expressão de GUS em flores transgénicas de Arabidopsis, embora *o MPF2-like-B* (*WSB206*) não seja expresso na flor nativamente. Notavelmente, os primeirosintrões geralmente suprimem a ativação da expressão do gene repórter (GUS e YFP) tanto em transformantes estáveis de Arabidopsis como em ensaios transientes de folhas de *N. benthamiana.* Apenas as proteínas MPF2-like-A têm a capacidade de formar homodímeros na análise de dois híbridos de levedura. O motivo repressor (motivo R) no terminal C das proteínas MPF2-like-A está envolvido na auto-ativação. O rastreio da biblioteca de levedura Arabidopsis oligo-dT com estas proteínas produziu numerosos interactivos não-MADS e de domínio MADS. As interações das proteínas MPF2-like-A com proteínas de Arabidopsis envolvidas na regulação do tempo de floração (por exemplo, SOC1, AGL27, AGL19, AGL31, AGL42, AGL68, MAF4, SEP3 e SEP4), e das proteínas MPF2-like-B de Withania exclusivamente com proteínas não-MADS-domínio (por exemplo, IAA16, EMB1417, ATSIP, AKIN e MYB4) apoiam a sua divergência funcional e coincidem com os seus diferentes padrões de expressão. As proteínas MPF2-like-B de Tubocapsicum (TAB201) podem interagir com SOC1, AGL27 e MAF5, indicando o seu papel intermédio entre as proteínas MPF2-like de Withania (WSA206 e WSB206). No entanto, as proteínas Withania MPF2-like-B podem interagir com homólogos MAGO NASHI de Withania, Tubocapsicum e Physalis. O gene mago nashi é uma proteína altamente conservada conhecida por estar envolvida em muitos processos de desenvolvimento, incluindo a diferenciação de células germinativas. As proteínas MPF2-like-A de Withania não podem interagir com as proteínas MAGO NASHI de Solanacaeous (WSMAGO1, WSMAGO2, TAMAGO1, TAMAGO2, PFMAGO1, PFMAGO2), mas a capacidade das proteínas MPF2-like-B de Tubocapsicum de mostrar afinidades com algumas das proteínas MAGO NASHI-like apoia ainda mais o seu papel intermédio entre as proteínas MPF2-like de Withania.

Os genes *MPF2-like-A* estão inequivocamente envolvidos na ICS. Para além do seu papel putativo no desenvolvimento da folha, a função dos genes *MPF2-like-B* permanece obscura. A contribuição da alo-tetraploidização para a sub e/ou neo-funcionalização dos genes *MPF2-like* é discutida, assim como a seleção darwiniana positiva na evolução das Physaleae. Estes resultados demonstram a contribuição da duplicação de genes para a adaptabilidade do organismo e mostram o poder de combinar análises de sequência e ensaios funcionais para delinear a base molecular das novidades morfológicas. As descobertas aqui relatadas são, portanto, não apenas de importância fundamental para explicar como a novidade do cálice evoluiu e foi mantida em Physaleae, mas também fornecem um bom exemplo do uso de "mutantes evolutivos" selvagens para dissecar variações complexas de caraterísticas.

Zusammenfassung

Este trabalho baseia-se nos fundamentos moleculares da evolução das novas caraterísticas morfológicas em Solanáceas, com o objetivo de verificar a existência de uma subfuncionalização e de uma neofuncionalização dos genes associados.

Estudos anteriores baseavam-se, no âmbito da sua metodologia, sobretudo em análises de sequências de ADN, mas também na investigação funcional de genes duplicados, o que frequentemente conduzia a resultados mais abrangentes. Neste trabalho, foram analisadas bioinformáticas e experimentais, para investigar as questões relacionadas com a duplicação, sub e bzw. oder Neofunktionalisierung, Seleção e Diversificação de Genes, que estão na base da evolução - nos Withaninae - da Síndrome do Cálice Inflado (ICS).

No género Withania, tal como no Physalis, as sépalas são retiradas do seu estado de vigília após a sua transformação e o seu fruto vivo é colocado numa estrutura semelhante a um balão, o que é designado por síndroma do cólox inflado (ICS). Enquanto as artes de Withania têm uma grande variedade de cálices, o Tubocapsicum - um grupo não muito conhecido - tem apenas uma casca rudimentar. Pflanzenhormone - wie Cytokinine und Gibberelline - können die Befruchtungssignale imitieren und sind unerlässlich für die ICS-Ausprägung in Withania. Na *Physalis floridana*, um único gene - o MADS-Box-Gen *MPF2* - é útil para o desenvolvimento de glândulas e para a fertilidade masculina. Dagegen bietet sich in Withania, einer laut Ploidie- Untersuchung offenbar tetraploiden Gattung, die Möglichkeit, diese Funktionen von einander getrennt zu untersuchen. Zwei Klassen von *MPF2-Orthologen - MPF2-like-A* (z.B. *WSA206*) und *MPF2-like-B* (z.B. *WSB206*) - wurden aus Withania isoliert, jedoch nur eine Klasse - *MPF2-like-B* (*TAB201*) - aus Tubocapsicum, da *MPF2-like-A-Gene* im Genom dieser Art nicht vorhanden sind. A proteína MPF2-like-A com uma deleção de 3 Aminosäuren umfassenden no seu Domäne C-terminal e dem Vorhandensein von 8 zusätzlichen Aminosäuren am C-terminalen Ende im Vergleich zu MPF2 von Physalis einen ungewöhnlichen Aufbau. Não há dúvida de que elas estão filogeneticamente mais próximas do MPF2 do que o grupo MPF2-like-B. A seleção positiva de Darwinsche foi detetizada nos grupos filogenéticos, que se juntam às proteínas MPF2-like-A de Physalis e MPF2-like-A de Withania. Im Gegensatz dazu waren sowohl MPF2-like-Proteine von Arten, die kein ICS aufweisen, als auch alle MPF2-like-B-Proteine unter negativer (reinigender) Selektion.

Enquanto a expressão de MPF2-like-B-Protein-Überexpression em Arabidopsis-Pflanzen não produziu alterações fenotípicas em comparação com o Wildtyp, a expressão de MPF2-like-A-Protein-Überexpression produziu sépalas e alterações acentuadas na forma e na quantidade de frutos, o que indica que a função de cada proteína é diferente.

Isto foi conseguido através da sua expressão divergente. A expressão do *MPF2-like-A-Gene* em Withania é mais frequente na vegetação do que na flor, e por isso existe uma correlação com a formação do ICS, mas a expressão do *MPF-2like-B-Genen* na vegetação é mais intensa. Isto é diferente em Tubocapsicum, onde a expressão *de MPF2-like-B-Genen* em todos os geweben estudados pode ser encontrada, mas não há ICS ausente.

Bioinformatische Analysen der Sequenzen von Promotoren und ersten Introns dieser Gene zeigten das Vorhandensein einer konservierten CArG-Box - putatives Bindemotif für AG, SEP1, SEP4, AGL1, and AGL15 - nahe dem Transkriptionsstart in allen hier untersuchten *MPF2-like-Genen*, außer in *MPF2-like-B-Genen* in Withania. Dahingegen treten Auxin- Response-Elemente (AuxREs), die in einer 100 Basenpaare umfassenden hoch-konservierten Region im 1. Intron von *MPF2-like-B-Genen* identifiziert wurden, nicht in *MPF2-like-A-* Genen auf. Sowohl *MPF2-like-A-* als auch *MPF2-like-B-Gen-Promotoren* riefen starke GUS-Expression in den Blüten transgener Arabidopsis-Pflanzen hervor. Dagegen unterdrückten Sequenzen des ersten Introns generell die Reportergen-Expression (GUS und YFP) in Blättern von Arabidopsis bzw. in transient transformierten Blättern von *Nicotiana benthamiana.* As proteínas MPF2-like-A não são homodiméricas no sistema híbrido de levedura-2. O Motivo Repressor no terminal C da Proteína MPF2-like-A está envolvido na Auto-ativação. A criação de uma biblioteca Arabidopsis-oligo-dT-Hefe com estas proteínas levou à identificação de outras proteínas MADS e Nicht-MADS como possíveis parceiros de interação. A interação de MPF2-like-A-Proteinen com Arabidopsis-Proteinen, die an der Regulation der Blütenentwicklung beteiligt sind (z.B. SOC1, AGL27, AGL19, AGL31, AGL42, AGL68, MAF4, SEP3, SEP4), e a interação ausschließliche de Wihania MPF2-like-B-Proteinen com Nicht-MADS-DomänenProteinen, (z.B. IAA16, EMB1417, ATSIP, AKIN, MYB4), unterstützt eine funktionelle Divergenz der Proteine und korreliert mit ihren divergenten Expressionsmustern. A proteína Tubocapsisum MPF2-like-B dagegen sind in der Lage mit SOC1, AGL27 und MAF5 zu interagieren, was auf eine intermediäre Funktionalität zwischen den beiden Gruppen von Withania MPF2-like-Proteinen hinweist. As proteínas do tipo MPF2- de Withania podem interagir com MAGO NASHI-Homologen de Withania, Tubocapsicum e Physalis. MAGO NASHI é uma proteína de alto valor nutritivo, que está comprometida com diversos

processos de desenvolvimento, como a diferenciação de células-guia. Anders als Withania MPF2-like-B-Proteine können MPF2-like-A-Proteine mit keinem dieser MAGO NASHI-Proteine von Solanaceen (WSMAGO1, WSMAGO2, TAMAGO1, TAMAGO2, PFMAGO1, PFMAGO2) interagieren, doch die Fähigkeit von Tubocapsicum MPF2-like-B Proteinen, einige dieser MAGO NASHI-Homologe zu binden, weist erneut auf ihren intermediären Charakter zwischen Withania-MPF2-like-Proteinen hin.
Os genes do *tipo A MPF2* estão envolvidos na atividade da ICS, mas a função dos genes do *tipo B MPF2* - além de um papel potencial no desenvolvimento das células - é desconhecida. A alotetraploidização conduziu, de facto, à subfuncionalização do *gene MPF2- like* e a seleção positiva de Darwin é de grande importância para a história evolutiva das Physaleae. Os resultados deste trabalho mostram os efeitos das genduplicações na evolução e na capacidade de adaptação dos organismos e demonstram a importância dos estudos em genética evolutiva, que combinam análises de sequências e estudos funcionais.
Die hier beschriebenenen Ergebnisse sind nicht nur essentielle Grundlage für das Verstehen, wie die evolutionäre Calyx-Neuerung in den Withaninae entstand und erhalten wurde, sondern geben auch ein elegantes Beispiel dafür, wie wilde "evolutionäre Mutanten" zur Aufschlüsselung komplexer Merkmale genutzt werden können.

Referências

Altschul SF, Madden TL, Schaffer AA, Zhang J, Zhang Z, Miller W. Lipman DJ. 1997. Gapped BLAST e PSI-BLAST: uma nova geração de programas de pesquisa de bases de dados de proteínas. *Nucleic Acids Research* **25**: 3389-3402.

Alvarez-Buylla ER, Liljegren SJ, Pelaz S, Gold SE, Burgeff C, Ditta GS, Vergara-Silva F, Yanofsky MF. 2000a. MADS-box gene evolution beyond flowers: expression in pollen, endosperm, guard cells, roots and trichomes. *Plant J* **24**: 457-466.

Alvarez-Buylla ER, Pelaz S, Liljegren SJ, Gold SE, Burgeff C, Ditta GS, De Pouplana LR, Martinez-Castilla L, Yanofsky MF. 2000b. Uma duplicação ancestral do gene MADS-box ocorreu antes da divergência entre plantas e animais. *Proc Natl Acad Sci USA* **97**: 5328-5333.

Angenent GC, Busscher M, Franken J, Mol JNM, van Tunen AJ. 1992. Expressão diferencial de dois genes MADS-box em flores de Petunia de tipo selvagem e mutante. *Plant Cell* **4**: 983-993.

Baquar SR. 1967. Cytomorphological studies in the family Solanaceae from West Pakistan. *Genetica* **38**: 388-397.

Becker A, Theissen G. 2003. The major clades of MADS-box genes and their role in the development and evolution of flowering plants. *Molecular Phylogenetics and Evolution* **29**: 464-489.

Benderoth M, Textor S, Windsor AJ, Mitchell-Olds T, Gershenzon J, Kroymann J. 2006. Seleção positiva que conduz à diversificação no metabolismo secundário das plantas. *Proc Natl Acad Sci USA* **103**: 9118-9123.

Bielawski JP, Yang Z. 2004. Um método de máxima verosimilhança para detetar divergência funcional em locais de códons individuais, com aplicação à evolução de famílias de genes. *J. Mol. Evol.* **59**: 121-132.

Bir SS, Neelam. 1980. Chromosome number reports. *Taxon* **29**: 703-730.

Bonhomme F, Kurz B, Melzer S, Bernier G, Jacmard A. 2000. Cytokinin and gibberellin activate SaMADS A, a gene apparently involved in regulation of the floral transition in *Sinapis alba*. *Plant J* **24**: 103-111.

Borner R, Kampmann G, Chandler J, Gliessner G, Wisman E, Apel K, Melzwe S. 2000. Um gene do domínio MADS envolvido na transição para a floração em Arabidopsis. *Plant J.* **24**: 591-599.

Boswell RE, Prout ME, Steichen JC. 1991. Mutações num gene recém-identificado *de Drosophila melanogaster*, mago nashi, interrompem a formação de células germinativas e resultam na formação de embriões de abdómen duplo simétricos em imagem de espelho. *Desenvolvimento* **113:** 373-384.

Bradley D, Carpenter R, Sommer H, Hartley N, e Coen E. 1993. Os fenótipos homeóticos florais complementares resultam de orientações opostas de um transposão no locus plena de Antirrhinum. *Cell* **72**: 85-95.

Bryant D, Moulton V. 2004. NeighborNet: um algoritmo aglomerativo para a construção de redes filogenéticas planas. *Mol Biol Evol* **21**: 255-265.

Carroll S, Grenier JK, Weatherbee SD. 2001. From DNA to diversity: molecular genetics and the evolution of animal design. *Blackwell Publishing* **pp**: 149-171.

Carroll SB. 2005. Evolução a dois níveis: sobre genes e forma. *Nature* **433**: 481-487.

Clough SJ, Bent A. 1998. Floral dip: um método simplificado para a transformação de *Arabidopsis thaliana* mediada por Agrobacterium. *Plant J* **16**: 735-743.

Coen ES, Meyerowitz EM. 1991. The war of the whorls: genetic interactions controlling flower development. *Nature* **353**: 31-37.

D'Arcy WG. 1972. Estudos de Solanaceae II: tipificação de subdivisões de Solanum. *Ann. Missouri Bot. Gard.* **59**: 262-278.

Danilveskaya ON, Meng X, Selinger DA, Deschamps S, Hermon P, Vansant G, Gupta R, Ananiev EV, Muszynski MG. 2008. Envolvimento do gene MADS-box *ZMM4* na indução floral e no desenvolvimento da inflorescência em *Zea mays*. *Plant Physiology Preview* **10**.1104/pp.107.115261.

D'Arcy WG, Keating RC, Zhang ZY, Peng CI. 2001. O género Tubocapsicum (Solanaceae). *Boletim Botânico da Academia Sinica* **42**: 67-84.

D'Arcy WG. 1991. The Solanaceae since 1976, with a review of its biogeography. In:

Solanaceae III: taxonomia, química, evolução - Hawkes JG, Lester RN, Nee M, Estrada N, eds Kew (UK): Royal Botanic Gardens **pp**: 75-137.

Davies B, Egea-Cortines M, de Andrade Silva E, Saedler H, Sommer H. 1996. Multiple interactions among floral homeotic MADS box proteins. *EMBO J* **5**: 4330-4343.

Davies B, Motte P, Keck E, Saedler H, Sommer H, Schwarz-Sommer Z. 1999. PLENA e FARINELLI: redundância e interações reguladoras entre dois factores MADS-box de Antirrhinum que controlam o desenvolvimento das flores. *EMBO J* **18**: 4023-4034.

De Bodt S, Maere S, Van de Peer Y. 2005. Duplicação do genoma e a origem das angiospérmicas. *Trends Ecol. Evol.* **20**: 591-597.

De Bodt S, Theissen G, Van de Peer Y. 2006. Análise de promotores de genes MADS-box em eudicotiledóneas através de uma análise filogenética. *Mol Biol Evol* **23**: 1293-303.

de Folter S, e Angenent GC. 2006. *trans* encontra *cis* na ciência MADS. *Trends in Plant Science* **11**: 224-231.

de Folter S, Immink RGH, Kieffer M, (12 co-autores). 2005. Mapa de interação abrangente dos factores de transcrição MADS Box de Arabidopsis. *Plant Cell* **17**: 1424-1433.

de Folter S, Shchennikova AV, Franken J, Busscher M, Baskar R, Grossniklaus U, Angenent GC, Immink RG. 2006. Um gene Bsister MADS-box envolvido no desenvolvimento de óvulos e sementes em petúnia e Arabidopsis. *The Plant Journal* **47**: 934-946

Des Marais DL, Rausher MD. 2008. Escape from adaptive conflict after duplication in an anthocyanin pathway gene (Fuga do conflito adaptativo após duplicação num gene da via da antocianina). *Natureza* **454**: 762-765.

Ditta G, Pinyopich A, Robles P, Pelaz S, Yanofsky MF. 2004. O gene SEP4 de *Arabidopsis thaliana* funciona na identidade do órgão floral e do meristema. *Curr. Biol.* **14**: 19351940.

Doebley J, Lukens L. 1998. Transcriptional regulation and the evolution of plant form. *Célula vegetal* **10**: 1075-1082.

Doyle JJ, Doyle JL. 1987. Um procedimento rápido de isolamento de DNA para pequenas quantidades de tecido foliar fresco. *Phytochem. Bull.* **19**: 11-15.

Doyle JJ, Doyle JL. 1990. Isolamento de ADN de plantas a partir de tecido fresco. *Focus* **12**: 13-15.

Doyle JJ. 1994. Evolution of a plant homeotic multigene family: towards connecting molecular systematics and molecular developmental genetics. *Syst. Biol.* **43**: 307-328.

Duttweiler HM. 1996. Um ensaio em placa de ß-galactosidase altamente sensível e não letal para leveduras. *Trends Genet* **12**: 340-341.

Edgar, R, Robert C. 2004. MUSCLE: alinhamento de sequências múltiplas com elevada precisão e elevado rendimento. *Nucleic Acids Res* **32**: 792-797.

Egea-Cortines M, Saedler H, Sommer H. 1999. A formação de complexos ternários entre as proteínas MADS-box SQUAMOSA, DEFICIENS e GLOBOSA está envolvida no controlo da arquitetura floral em *Antirrhinum majus*. *EMBO J* **18**: 5370-5379.

Fan HY, Hu Y, Tudor M, Ma H. 1997. Interações específicas entre os domínios K de AG e AGLs, membros da família de proteínas de ligação ao ADN do domínio MADS. *Plant J* **12**: 999-1010.

Force A, Lynch M, Pickett FB, Amores A, YAN YL et al. 1999. Preservação de genes duplicados por mutações complementares e degenerativas. *Genetics* **151**: 1531-1545.

Frary A, Nesbitt TC, Grandillo S, Knaap E, Cong B, Liu J, Meller J, Elber R, Alpert KB, Tanksley SD. 2000. a quantitative trait locus key to the evolution of tomato fruit size. *Science* **289:** 85-88.

Garcia-Maroto F, Ortega N, Lozano R, Carmona MJ. 2000. Caracterização do gene MADS-box STMADS16 da batata e análise da expressão em plantas transgénicas de tabaco. *Plant Mol Biol* **42**: 499-513.

Giovannoni J. 2002. Um gene MADS-box necessário para o amadurecimento dos frutos no locus Ripining- Inhibitor (Rin) do tomateiro. *Ciência* **296**: 343-346.

Goldman N. 1993. Testes estatísticos de modelos de substituição de ADN. *J Mol Evol* **36**: 182-198.

Gregis V, Sessa A, Colombo L, Kater MM. 2006. AGL24, SHORT VEGETATIVE PHASE, and APETALA1 Redundantly Control AGAMOUS during Early Stages of Flower Development in Arabidopsis. *Célula Vegetal* **18**: 1373-1382.

Gu Q, Ferrandiz C, Yanofsky MF, Martienssen R. 1998. O gene FRUITFULL MADS-box medeia a diferenciação celular durante o desenvolvimento do fruto de Arabidopsis. *Desenvolvimento* **125**: 1509-1517.
Guilfoyle TJ, Hagen G. 2007. Factores de resposta à auxina. *Curr Opin Plant Biol* **10**: no prelo.
Hachet O, Ephrussi A. 2001. Drosophila Y14 shuttles to the posterior of the oocyte and is required for oskar mRNA transport. *Curr Biol* **11**: 1666-1674.
Hachet O, Ephrussi A. 2004. O splicing do ARN de oskar no núcleo está associado à sua localização citoplasmática. *Natureza* **428**: 959-963.
Harrison J, Möller M, Langdale J, Cronk Q, Hudson A. 2005. The role of *KNOX* genes in the evolution of morphological novelty in Streptocarpus. *Plant Cell* **17**: 430-443.
Hartmann U, Höhmann S, Nettesheim K, Wisman E, Saedler H Huijser P. 2000. Molecular cloning of SVP: a negative regulator of the floral transition in Arabidopsis. *Plant J.* **21**: 351-360.
Hayes TE, Sengupta P, Cochran BH. 1988. O fator de resposta ao soro c-FOS humano e os factores de levedura GRM/pRTF têm especificidades de ligação ao ADN relacionadas. *Genes Dev* **2**: 17131722.
He C, Münster T, Saedler H. 2004. On the origin of floral morphological novelties (Sobre a origem das novidades morfológicas florais). *FEBS Lett* **567**: 147-151.
He C, Saedler H. 2005. A expressão heterotópica de MPF2 é a chave para a evolução da lanterna chinesa de Physalis, uma novidade morfológica em Solanaceae. *Proc Natl Acad Sci USA* **102**: 5779-5784.
He C, Saedler H. 2007. Hormonal control of the inflated calyx syndrome, a morphological novelty, in Physalis. *Plant J* **49**: 935-946.
He C, Sommer H, Grosardt B, Huijser P, Saedler H. 2007. PFMAGO, um fator semelhante a MAGO NASHI, interage com a proteína MPF2 de domínio MADS de *Physalis floridana. Mol Biol Evol* **24**: 1229-241.
He C-Y, Zhang J-S, Chen S-Y. 2002. Um gene de soja que codifica uma proteína rica em prolina é regulado pelo ácido salicílico, um ritmo circadiano endógeno e por vários stresses. *Theor Appl Genet* **104**: 1125-1131.
Henschel K, Kofuji R, Hasebe M, Saedler H, Münster T, Theissen G. 2002. Duas classes antigas de genes MADS-box do tipo MIKC estão presentes no musgo *Physcomitrella patens. Mol. Biol. Evol.* **19**: 801-814.
Hepper FN. 1991. Old World Withania (Solanaceae): uma revisão taxonómica e chave para as espécies. Em J. G. Hawkes, R. N. Lester, M. Nee, and E. Estrada [eds.] Solanaceae III: taxonomy, chemistry, evolution. Royal Botanic Gardens, Kew, Reino Unido **pp**: 211-227.
Hepworth SR, Valverde F, Ravenscroft D, Mouradov A, Coupland G. 2002. Antagonistic regulation of flowering-time gene SOC1 by CONSTANS and FLC via separate promoter motifs, *EMBO J* **21**: 4327-4337.
Herrera CM. 2005. Funcionalidade do perianto pós-floral: contribuição das sépalas persistentes para o desenvolvimento da semente em *Helleborus foetidus* (Ranunculaceae). *Am. J. Bot.* **92**: 1486-1491.
Hileman LC, Kramer EM, Baum DA. 2003. Differential regulation of symmetry genes and the evolution of floral morphologies (Regulação diferencial de genes de simetria e a evolução de morfologias florais). *Proc Natl Acad Sci USA* **100**: 12814-12819.
Honma T, Goto K. 2001. Complexos de proteínas MADS-box são suficientes para converter folhas em órgãos florais. *Nature* **409**: 525-529.
Hu J, Saedler H. 2007. Evolution of the inflated calyx syndrome in Solanaceae. *Mol Biol Evol* **24**: 2443-2453.
Huang H, Tudor M, Weiss CA, Hu Y, Ma H. 1995. O gene MADS-box AGL3 de Arabidopsis é amplamente expresso e codifica uma proteína de ligação ao ADN específica da sequência. *Plant Mol. Biol.* **28**: 549-567.
Huijser P, Klein J, Lönnig WE, Meijer H, Saedler H, Sommer H. 1992. Bracteomania, uma anomalia da inflorescência, é causada pela perda de função do gene MADS-box SQUAMOSA em *Antirrhinum majus. EMBO J.* **11**: 1239-1249.
Huson DH, e Bryant D. 2006. Aplicação de redes filogenéticas em estudos evolutivos. *Mol Biol Evol* **23**: 254-267.

Huson, DH, Bryant D. 2000. Application of phylogenetic networks in evolutionary studies (Aplicação de redes filogenéticas em estudos evolutivos). *Mol Biol Evol* **23**: 254-267.
Iqbal M, Datta AK. 2007. Estudos citogenéticos em *Withania somnifera* (L.) Dun. (Solanaceae). *CYTOLOGIA* **72**: 43-47.
Jefferson RA, Klass M, Wolf N, Hirsh DJ. 1987. Fusões GUS: a beta-glucuronidase como marcador sensível e versátil de fusão de genes em plantas superiores. *EMBO J.* **6**: 3901-3907.
Johnson MA, von Besser K, Zhou Q, Smith E, Aux G, Patton D, Levin JZ, Preuss D. 2004. Arabidopsis hapless mutations define funções gametofíticas essenciais. *Genetics* **68**: 971-982.
Kanno A, Saeki H, Kameya T, Saedler H, Theissen G. 2003. Expressão heterotrópica de genes homeóticos florais da classe B suporta um modelo ABC modificado para a tulipa (*Tulipa gesneriana*). *Plant Mol. Biol.* **52**: 831-841.
Karol KG, McCourt RM, Cimino MT, Delwiche CF. 2001. Os parentes vivos mais próximos das plantas terrestres. *Science* **294**: 2351-2353.
Kataoka N, Yong J, Kim VN, Velazquez F, Perkinson RA, Wang F, Dreyfuss G. 2000. Pre-mRNA splicing imprints mRNA in the nucleus with a novel RNA-binding protein that persists in the cytoplasm. *Mol Cell* **6**: 673-682.
Kater MM, Colombo L, Franken J, Busscher M, Masiero S, Van Lookeren Campagne MM, Angenent GC. 1998. Multiple AGAMOUS homologs from cucumber and petunia differ in their ability to induce reproductive organ fate. *Célula Vegetal* **10**: 171-182.
Kaufmann K, Melzer R, Theissen G. 2005. MIKC-type MADS domain proteins: structural modularity, protein interactions and network evolution in land plants. *Gene* **347**: 183-198.
Kellogg EA. 2004. Evolution of developmental traits. *Curr Opin Plant Biol* **7**: 92-98.
Keys DN, Lewis DL, Selegue JE, Pearson BJ, Goodrich LV, Johnson RL, Gates J, Scott MP, Carroll SB. 1999. Recruitment of a hedgehog regulatory circuit in butterfly eyespot evolution. *Science* **283**: 532-534.
Kim S, Mizuno K, Fujimura T. 2002. Isolamento de genes MADS-box de batata-doce (*Ipomoea batatas* (L.) Lam.) expressos especificamente em tecido vegetativo. *Plant Cell Physiol* **43**: 314-322.
Kim SY, Yu X, Michaels SD. 2008. Regulação da expressão de CONSTANS e FLOWERING LOCUS T em resposta à alteração da qualidade da luz. *Fisiologia Vegetal* **148**: 269-279.
Kim VN, Yong J, Kataoka N, Abel L, Diem MD, Dreyfuss G. 2001. A proteína Y14 comunica ao citoplasma a posição das junções exão-exão. *EMBO J* **20**: 2062-2068.
Knapp S, Bohs L, Nee M, Spooner DM. 2004. Solanaceae - um modelo para ligar a genómica à biodiversidade. *Comp Funct Genomics* **5**: 285-291.
Knapp S. 2002. Do tabaco ao tomate: uma perspetiva filogenética da diversidade de frutos nas Solanaceae. *J Exp Bot* **53**: 2001-2022.
Koetsier PA, Schorr J, Doerfler W. 1993. Um protocolo rápido e optimizado para a coloração alcalina descendente do DNA em Southern Blotting. *Biotechniques* **15**: 260-262.
Kofuji R, Sumikawa N, Yamasaki M, Kondo K, Ueda K, Ito M, Hasebe M. 2003. Evolution and divergence of the MADS-box gene family based on genome-wide expression analyses. *Mol Biol Evol* **20**: 1963-1977.
Krogan NT, Ashton NW. 2000. Ancestry of plant MADS-box genes revealed by bryophyte (*Physcomitrella patens*) homologues. *New Phytol.* **147**: 505-517.
Lee C, Grasso C, Sharlow MF. 2002. Multiple sequence alignment using partial order graphs. *Bioinformática* **18**: 452-464.
Lee H, Suh SS, Park E, Cho E, Ahn JH, Kim SG, Lee JS, Kwon YM, Lee I. 2000. A proteína de domínio MADS AGAMOUS-LIKE 20 integra as vias de indução floral em Arabidopsis. *Genes Dev.* **14**: 2366-2376.
Lee H, Suh SS, Park E, Cho E, Ahn JH, Kim SG, Lee JS, Kwon YM, Lee I. 2000. A proteína de domínio MADS AGAMOUS-LIKE 20 integra as vias de indução floral em Arabidopsis. *Genes Dev.* **14**: 2366-2376.
Lee H, Yoo SJ, Park SH, Hwang I, Lee JS, Ahn JH. 2007. Papel da SVP no controlo da época de floração pela temperatura ambiente em Arabidopsis. Genes & Dev **21**: 397-402.
Lee PN, Callaerts P, de Couet HG, Martindale MQ. 2003. Cephalopod Hox genes and the origin of morphological novelties. *Nature* **424**: 1061-1065.
Liljegren SJ, Ditta GS, Eshed Y, Savidge B, Bowman JL, Yanofsky MF. 2000. Os genes SHATTERPROOF MADS-box controlam a dispersão de sementes em Arabidopsis. *Nature*

404: 766770.
Liscum E. 2002. Genetics of Aux/IAA and ARF action in plant growth and development. *Biologia Molecular das Plantas* **49:** 387-400.
Liu C, Zhou J, Bracha-Drori K, Yalovsky S, Ito T, Yu H. 2007. Specification of Arabidopsis floral meristem identity by repression of flowering time genes. *Desenvolvimento* **134**: 1901-1910.
Llave C, Xie Z, Kasschau KD, Carrington JC. 2002. Cleavage of Scarecrow-like mRNA targets direted by a class of Arabidopsis miRNA. *Ciência* **297**: 2053-2056.
Luo D, Carpenter R, Copsey L, Vincent C, Clark J, Coen E. (I999) Control of organ asymmetry in flowers of Antirrhinum. *Cell* **99**: 367-376.
Luo D, Carpenter R, Vincent C, Copsey L, Coen E. 1996. Origem da assimetria floral em Antirrhinum. *Nature* **383**: 794-799.
Ma H, Yanofsky MF, Meyerowitz EM. 1991. AGL1-AGL6, uma família de genes de Arabidopsis com semelhança com genes homeóticos florais e de factores de transcrição. *Genes Dev.* **5**: 484-495.
Maere S, De Bodt S, Raes J, Casneuf T, Van Montagu M, Kuiper M, Van de Peer Y. 2005. Modelação de duplicações de genes e genomas em eucariotas. *Proc Natl Acad Sci USA* **102**: 5454-5459.
Mandel MA, Gustafson-Brown C, Savidge B, Yanofsky MF. 1992. Caracterização molecular do gene homeótico floral da Arabidopsis APETALA1. *Nature* **360**: 273-277.
Masiero S, Li MA, Will I, Hartmann U, Saedler H, Huijser P, Schwarz-Sommer Z, Sommer H. 2004. INCOMPOSITA: um gene MADS-box que controla o desenvolvimento do profilo e a identidade do meristema floral em Antirrhinum. *Desenvolvimento* **131**: 5981-5990.
Melzer R, Kaufmann K, Theissen G. 2006. Missing links: Ligação ao ADN e especificidade do gene alvo das proteínas homeóticas florais. *Adv. Bot. Res.* **44**: 209-236.
Merrill ED. 1923. An enumeration of Philippine flowering plants, Vol. 3. Manila, **pp**: 424
Michaels SD, Amasino RM. 1999. Flowering Locus C codifica uma nova proteína de domínio MADS que actua como repressor da floração. *Plant Cell* **11**: 949-956.
Micklem DR, Dasgupta R, Elliott H, Gergely F, Davidson C, Brand A, Gonzalez-Reyes A, St Johnston D. 1997. O gene mago nashi é necessário para a polarização do oócito e a formação de eixos perpendiculares em Drosophila. *Curr Biol* **7**: 468-478.
Miller W. 2005. Mulan: Alinhamento local de sequências múltiplas e visualização para estudar a função e a evolução. *Investigação sobre o genoma* **15**: 184-194.
Mohr SE, Dillon ST, Boswell RE. 2001. A proteína de ligação ao ARN Tsunagi interage com Mago Nashi para estabelecer a polaridade e localizar o ARNm de oskar durante a oogénese de Drosophila. *Genes Dev* **15**: 2886-2899.
Molnar A, Csorba T, Lakatos L, Varallyay E, Lacomme C, Burgyan J. 2005. Os pequenos RNAs de interferência derivados de vírus de plantas têm origem predominantemente em RNAs virais de cadeia simples altamente estruturados. *J. Virol.* **79**: 7812-7818.
Mondragon-Palomino M. Theissen G. 2008. MADS sobre a evolução das flores das orquídeas. *Tendências em Ciências Vegetais* **13**: 51-59.
Münster T, Deleu W, Wingen LU, Ouzunova M, Cacharron J, Faigl W, Werth S, Kim JTT, Saedler H, Theissen G. 2002a. Maize MADS-box genes galore. *Maydica* **47**: 287-301.
Münster T, Faigl W, Saedler H, Theissen G. 2002b. Evolutionary aspects of MADS-box genes in the eusporangiate fern Ophioglossum. *Plant Biol.* **4**: 474-483.
Münster T, Pahnke J, Rosa AD, Kim JT, Martin W, Saedler H, Theissen G. 1997. Os genes homeóticos florais foram recrutados a partir de genes MADS-box homólogos pré-existentes no antepassado comum dos fetos e das plantas com sementes. *Proc. Natl. Acad. Sci. USA* **94**: 2415-2420.
Murashige T, Skoog F. 1962. Um meio revisto para crescimento rápido e bioensaios com culturas de tecidos de tabaco. *Physiol Plant* **15**: 473-497.
Nagasawa N. et al. 2003. Os genes SUPERWOMAN1 e DROOPING LEAF controlam a identidade dos órgãos florais no arroz. *Desenvolvimento* **130**: 705-718.
Negi MS, Singh A, Lakshmikumaran M. 2000. Genetic variation and relationship among and within Withania species as revealed by AFLP markers. *Genoma* **43**: 975-980.
Newmark PA, Boswell RE. 1994. O locus mago nashi codifica um produto essencial necessário para a montagem do plasma germinativo em Drosophila. *Desenvolvimento* **120**:

1303-1313.

Newmark PA, Mohr SE, Gong L, Boswell RE. 1997. mago nashi medeia o sinal da célula do folículo posterior para o oócito para organizar a formação do eixo em Drosophila. *Desenvolvimento* **124**: 3197-3207.

Ng M, Yanofsky F. 2001. Function and evolution of the plant MADS-box gene family. *Nat Rev Gen* **2**: 186-195.

Nylander JA. 2004. MrModelTest, 2.0th edition. Upsalla, distribuído pelo autor. Centro de Biologia Evolutiva, Universidade de Uppsala.

Ohno S. 1970. Evolution by gene duplication. Springer-Verlag, Berlim, Alemanha.

Olmstead RG, Bohs L. 2007. Um resumo da investigação sistemática molecular em Solanaceae: 1982-2006. Em: D.M. Spooner et al. (Hrsg.): Solanaceae VI: Genomics Meets Biodiversity (A Genómica Encontra a Biodiversidade). *Ata Horticulturae* **745**: 255-268.

Olmstead RG, Kim KJ, Jansen RK, Wagstaff SJ. 2000. The phylogeny of the Asteridae sensu lato based on chloroplast ndhF gene sequences. *Mol Phylogenet Evol* **16**: 96-12.

Olmstead RG, Palmer JD. 1997. Implications for the phylogeny, classification, and biogeography of Solanum from cpDNA restriction site variation. *Syst Bot* **22**: 19-29.

Olmstead RG, Sweere JA, Spangler RE, Bohs L, Palmer JD. 1999. Phylogeny and provisional classification of the Solanaceae based on chloroplast DNA. In: Solanaceae IV: advances in biology and utilization-Nee M, Symon DE, Lester RN, Jessop JP, eds. Kew (UK): Royal Botanic Gardens **pp**: 111-137.

Otto SP, Whitton J. 2000. Polyploid incidence and evolution. *Annu Rev Genet* **34**: 401-437.

Ovcharenko I, Loots GG, Giardine BM, Milnmei H, Jian MA, Hardison RC, Stubbs L, Ozga JA, Reinecke DM. 2003. Hormonal interactions in fruit development. *J Plant Growth Regul* **22**: 73-81.

Pagnussat GC, Yu HJ, Ngo QA, Rajani S, Mayalagu S, Johnson CS, Capron A, Xie LF, Ye D, Sundaresan V. 2005. Genetic and molecular identification of genes required for female gametophyte development and function in Arabidopsis. *Desenvolvimento* **132**: 603-614.

Parenicova L, de Folter, Kieffer M, Horner DS, Favalli C, Busscher J, Cook HE, Ingram RM, Kater MM, Davies B, Angenent GC, Colombo L. 2003. Molecular and phylogenetic analyses of the complete MADS-box transcription fator family in Arabidopsis; New openings to the MADS world. *Plant Cell* **15**: 1538-1551.

Paz-Ares J, Ghosal D, Saedler H. 1990. Molecular analysis of the C1-I allele from *Zea mays*: a dominant mutant of the regulatory C1 locus. *EMBO J.* **9**: 315-321.

Pogson GH, Mesa KA. 2004. Seleção Darwiniana positiva no locus da pantofisina (*Pan I*) em peixes Gadídeos Marinhos. *Mol Biol Evol* **21**: 65-75.

Prince VE, Pickett FB. 2002. Splitting pairs: the diverging fates of duplicated genes. *Nat Rev Genet* **3**: 827-837.

Purugganan MD, Rounsley SD, Schmidt RJ, Yanofsky MF. 1995. Molecular evolution of flower development: diversification of the plant MADS-box regulatory gene family. *Genetics* **140**: 345-356.

Rensing SA, Lang D, Zimmer AD. **et al. 2007.** O genoma da Physcomitrella revela uma visão evolutiva da conquista da terra pelas plantas. *Science* **319**: 64-69.

Riechmann JL, Wang MQ, Meyerowitz EM. 1996. Propriedades de ligação ao ADN das proteínas homeóticas do domínio MADS de Arabidopsis APETALA1, APETALA3, PISTILLATA e AGAMOUS. *Nucl Acids Res* **24**: 3134-3141.

Riechmann, JL, Meyerowitz EM. 1997. Proteínas do domínio MADS no desenvolvimento das plantas. *Biological Chemistry* **378**: 1079-1101.

Riese M, Faigl W, Quodt V, Verelst W, Matthes A, Saedler H, Münster T. 2004. Isolamento e caraterização de novos genes MADS-box do tipo MIKC* do musgo *Physcomitrella patens*. *Plant Biol* **7**: 307-314.

Rijpkema AS, Gerats T, Vandenbussche M. 2007. Complexidade evolutiva dos complexos MADS. *Opinião atual em Biologia Vegetal* **10**: 32-38.

Ronquist F, Huelsenbeck JP. 2003. MRBAYES 3: inferência filogenética bayesiana em modelos mistos. *Bioinformática* **19**: 1572-1574.

Rose AB. 2004. The effect of intron location on intron-mediated enhancement of gene expression in Arabidopsis. *Plant J* **4**: 744-751.

Rose AB. 2008. Regulação da expressão genética mediada por intrões. *Curr Top Microbiol*

Immunol **326**: 277-290.
Rounsley SD, Ditta GS, Yanofsky MF. 1995. Diverse roles for MADS box genes in Arabidopsis development. *Célula vegetal* **7**: 1259-1269.
Sambrook J, Russell DW. 2001. Molecular cloning: a laboratory manual. Terceira edição. Cold Spring Harbor Laboratory Press.
Schwarz-Sommer Z, Gierl A, Cuypers H, Peterson PA, Saedler H. 1985. Os elementos transponíveis das plantas geram a diversidade de sequências de ADN necessária para a evolução. *EMBO J.* **4**: 591-597.
Schwarz-Sommer Z, Huijser P, Wolfgang N, Saedler H, Sommer H. 1990. Genetic control of flower development by homeotic genes in *Antirrhinum majus*. *Science* **250**: 931936.
Schwarz-Sommer Z. 1992. GLOBOSA: um gene homeótico que interage com DEFICIENS no controlo da organogénese floral de Antirrhinum. *EMBO J.* **11**: 4693- 4704.
Sheldon CC, Burn JE, Perez PP, Metzger J, Edwards WJ, Peacock WJ, Dennis ES. 1999. O gene FLF MADS-box: um repressor da floração em Arabidopsis regulado por vernalização e metilação. *Plant Cell* **11**: 444-458.
Sheldon CC, Rouse DT, Finnegan EJ, Peacock WJ, Dennis ES. 2000. A base molecular da vernalização: o papel central do FLOWERING LOCUS C (FLC*). Proc. Natl. Acad. Sci. USA* **97**: 3753-3758.
Shore P, Sharrocks AD. 1995. A família de factores de transcrição MADS-box. *Eur J Biochem* **229**: 1-13.
Simillion C, Vandepoele K, Van Montagu MC, Zabeau M, Van de Peer Y. 2002. O passado de duplicação oculto da *Arabidopsis thaliana*. *Proc Natl Acad Sci USA* **99**: 13627-13632.
Singer T, Gierl A, Peterson PA. 1998. Três novos alelos supressores *C1* dominantes em *Zea mays*. *Genet. Res. Camb.* **71**: 127-132.
Sommer H, Beltran JP, Huijser P, Pape H, Lonni, W-E, Saedler H, Schwarz-Sommer Z. 1990. Deficiens, um gene homeótico envolvido no controlo da morfogénese da flor em *Antirrhinum majus*: a proteína apresenta homologia com factores de transcrição. *EMBO J* **9**: 605-613. **Spillane C, Schmid KJ, Laoueille-Duprat S, Pien S, Escobar-Restrepo JM, Baroux C, Gagliardini V, Page DR, Wolfe KH, Grossniklaus U. 2007.** Seleção darwiniana positiva no locus *MEDEA* impresso em plantas. *Nature* **448**: 349-352.
Swidzinski JA, Zaplachinski ST, Chuong SD, Wong JF, Muench DG. 2001. Caracterização molecular e análise da expressão do homólogo de arroz mago nashi1 altamente conservado. *Genoma* **44**: 394-400.
Swofford DL. 2002. PAUP*. Phylogenetic Analysis Using Parsimony (*and Other Methods). Sinauer Associates, Sunderland MA. (Programa).
Tanabe Y, Hasebe M, Sekimoto H, Nishiyama T, Kitani M, Henschel K, Münster T, Theissen G, Nozaki H, Ito M. 2005. Caracterização dos genes MADS-box em algas verdes charofíceas e sua implicação para a evolução dos genes MADS-box. *Proc Natl Acad Sci USA* **102**: 2436-2441.
Tandre K, Albert VA, Sundas A, Engström P. 1995. Homólogos de coníferas a genes que controlam o desenvolvimento floral em angiospérmicas. *Plant Mol. Biol.* **27**: 69-78.
Tautz D. 2000. Evolution of transcriptional regulation (Evolução da regulação da transcrição). *Curr Opin Genet* **Dev 10**: 575-579.
Theissen G, Becker A, Di Rosa A, Kanno A, Kim JT, Münster T, Winter K-U, Saedler H. 2000. A short history of MADS-box genes in plants. *Plant Mol Biol* **42**: 115-149.
Theissen G, Becker A, Di Rosa A, Kanno A, Kim JT, Münster T, Winter KU, Saedler H. 2000. A short history of MADS-box genes in plants. *Plant Mol Biol* **42**: 115-149.
Theissen G, Kim JT, Saedler H. 1996. Classification and phylogeny of the MADS-box multigene family suggest defined roles of MADS-box gene subfamilies in the morphological evolution of eukaryotes. *J Mol Evol* **43**: 484-516.
Theissen G, Saedler H. 1995. MADS-box genes in plant ontogeny and phylogeny: A "lei biogenética" de Haeckel revisitada. *Curr Opin Genet* **Dev 5**: 628-639.
Theissen G, Saedler H. 1999. A década de ouro do desenvolvimento floral molecular (1990-1999): um alegre obituário *Dev. Genet.* **25**: 181-193.
Theissen G, Saedler H. 2001. Biologia vegetal: quartetos florais. *Nature* **409**: 469-471.
Theissen G. 2001. Desenvolvimento da identidade dos órgãos florais: histórias da casa MADS. *Curr Opin Plant Biol* **4**: 75-85.

Theissen G. 2006. O lugar correto dos monstros esperançosos na biologia evolutiva. *Theory Biosci* **124**: 349-369.

Tröbner W, Ramirez L, Motte P, Hue I, Huijser P, Lönnig WE, Saedler H, Sommer H, True JR, Carroll SB. 2002. Gene co-option in physiological and morphological evolution. *Annu. Rev. Cell Dev. Biol.* **18**: 53-80.

Tsuchimoto S, van der Krol AR, Chua NH. 1993. A expressão ectópica de pMADS3 em petúnia transgénica fenocopia o mutante cego da petúnia. *Plant Cell* **5**: 843-85.

Ulmasov T, Hagen G, Guilfoyle TJ. 1999a. Activation and repression of transcription by auxin-response factors (Ativação e repressão da transcrição por factores de resposta à auxina). *Proc Natl Acad Sci USA* **96**: 5844-5849.

Ulmasov T, Hagen G, Guilfoyle TJ. 1999b. Dimerização e ligação ao DNA de factores de resposta à auxina. *Plant J* **19**: 309-319.

Valido AA, Manuel NB, Medina FM. 2003. Frutos carnudos na dieta dos lagartos das Canárias *Gallotia galloti* (Lacertidae) num habitat xérico da ilha de Tenerife. *Journal of Herpetology* **pp**: 741-747.

van Tunen AJ, Eikelboom W, Angenent GC. 1993. Organogénese floral em Tulipa. *Flow Newl* **16**: 33-38.

Vandenbussche M, Theissen G, Van de Peer Y, Gerats T. 2003a. Structural diversification and neo-functionalization during floral MADS-box gene evolution by C-terminal frameshift mutations. *Nucleic Acids Research* **31**: 4401-4409.

Vandenbussche M. et al. 2003b. Toward the analysis of the petunia MADS box gene family by reverse and forward transposon mutagenesis approaches: As funções de identidade dos órgãos florais B, C e D requerem genes MADS box do tipo SEPALLATA em petúnia. *Plant Cell* **15**: 2686-2693.

Veley KM, Michaels SD. 2008. Redundância funcional e novos papéis para os genes da via autónoma de promoção floral. *Plant Physiology* in press.

Verelst W, Saedler H, Munster T. 2007. Os complexos da proteína MIKC* MADS ligam motivos enriquecidos na região proximal dos promotores específicos do pólen tardio de Arabidopsis. *Plant Physiology* **143**: 447-460.

Vergara-Silva F. 2003. Plantas e a Articulação Conceptual da Biologia Evolutiva do Desenvolvimento. *Biologia e Filosofia* **18**: 249-284.

Vivian F, Irish I. 2005. Duplicação, diversificação e redistribuição de genes. *Flower development and evolution* **15**: 454-460.

Vrebalov J, Ruezinsky D, Padmanabhan V, White R, Medrano D, Drake R, Schuch W, Giovannoni J. 2002. A MADS-box gene necessary for fruit ripening at the tomato Ripining-Inhibitor (Rin) locus. *Science* **296**: 343-346.

Webster MA, Gilmartin PM. 2003. A comparison of early floral ontogeny in wild-type and floral homeotic mutant phenotypes of Primula. *Planta* **216**: 903-917.

Weigel D, Meyerowitz EM. 1994. Os ABCs dos genes homeóticos florais. *Célula* **78**: 203-209.

Wendel JF. 2000. Evolução do genoma em poliplóides. *Plant Mol Biol* **42**: 225-249.

West et al. 1998. Determinantes de ligação ao ADN e dimerização dos factores de transcrição MADS-box de Antirrhinum majus. *Nucleic Acids Res.* **26**: 5277-5287.

Weyers JDB, Paterson NW. 2001. Hormonas vegetais e o controlo dos processos fisiológicos. *New Phytol* **152**: 375-407.

Winter KU, Becker A, Münster T, Kim JT, Saedler H, Theissen G. 1999. MADS-box genes reveal that gnetophytes are more closely related to conifers than to flowering plants. *Proc. Natl. Acad. Sci. USA* **96**: 7342-7347.

Yamaguchia T, LeebGY, Miyaoc A, Hirochikac H, Anb G, Hiranoa HY. 2006. Functional Diversification of the Two C-Class MADS Box Genes OSMADS3 and OSMADS58 in *Oryza sativa*. *The Plant Cell* **18**: 15-28.

Yang Z, Bielawski B. 2000. Statistical methods for detecting molecular adaptation (Métodos estatísticos para a deteção da adaptação molecular). *Tendências em Ecologia e Evolução* **5**: 496-503.

Yang Z, Nielsen R. 1998. Synonymous and nonsynonymous rate variation in nuclear genes of mammals. *J Mol Evol* **46**: 409-418.

Yang Z, Nielsen R. 2000. Estimating synonymous and nonsynonymous substitution rates under realistic evolutionary models. *Mol Biol Evol* **17**: 32-43.

Yang Z, Nielsen R. 2002. Codon-substitution models for detecting molecular adaptation at individual sites along specific lineages. *Mol Biol Evol* **19**: 908-917.
Yang Z, Wong WSW, Nielsen R. 2005. Bayes empirical Bayes inference of amino acid sites under positive selection (inferência Bayes empírica de sítios de aminoácidos sob seleção positiva). *Mol Biol Evol* **22**: 1107-1118.
Yanofsky MF, Ma H, Bowman MH, Drews JN, Feldmann KA, Meyerowitz EM. 1990. A proteína codificada pelo gene homeótico agamous de Arabidopsis assemelha-se a factores de transcrição. *Nature* **346**: 35-39.
Yu H, Ito T, Wellmer F, Meyerowitz EM. 2004. A repressão de AGAMOUS-LIKE 24 é um passo crucial para promover o desenvolvimento da flor. *Nat Genet* **36**: 157-161.
Yu Y, Xu EL, Tan, Kumar PP. 2002b. AGAMOUS-LIKE 24, um mediador dependente da dosagem dos sinais de floração. *Proc. Natl. Acad. Sci. USA* **99**: 16336-16341.
Zhang XM, Dao ZL, Long CL, Li H. 2006. Estudos cariotípicos sobre uma espécie ameaçada *Alcimandra cathcartii* (Magnoliaceae). *Ata Botanica Yunnaica* **28**: 268-270.
Zhang Z, Lu A, D'Arcy WG. 1994. Solanaceae. In: Flora of China, Vol. 17 (Verbenaceae through Solanaceae)-Wu Z, Peter HR, eds. Beijing: Science Press; St Louis: Missouri Botanical Garden Press. **pp**: 300-332.
Zhao XF, Nowak NJ, Shows TB, Aplan PD. 2000. MAGO NASHI interage com uma nova proteína de ligação ao ARN. *Genómica* **63**: 145-148.

Suplemento

Figuras suplementares

```
ClustalW (v1.4) multiple sequence alignment

2 Sequences Aligned          Alignment Score = 6422
Gaps Inserted = 18           Conserved Identities = 909

Pairwise Alignment Mode: Slow
Pairwise Alignment Parameters:
   Open Gap Penalty = 10.0   Extend Gap Penalty = 0.1

Multiple Alignment Parameters:
   Open Gap Penalty = 10.0   Extend Gap Penalty = 0.1
   Delay Divergent = 40%     Transitions: Weighted

Processing time: 1.4 seconds


WSA206      1                                                     0
WSB206      1 AAAACGATAGTAGCTCTTTCAATTCTCTCTCTCTAGGTTTTAATTGGT   50


WSA206      1               AATATCTTCCAAC-----AACAAATTAAAAATTCTT   31
WSB206     51 GGAGCTCTCCAATAATTATCTTCCTACTATACAACAAATTAAAAAATCTT  100
                            * ********* **     ************* ****

WSA206     32 ATTCTCTCTTTCCTTCTTCAATACCAAGAACAACAAG-TGAACAGTGC   80
WSB206    101 ----TCT-----TCTTTCTTCAACTCCAAGAACAAGAAACTGAACCGTTC  141
                  ***     ** ********  ********** **  ***** ** *

WSA206     81 TGATTCCA--TCTCCAAATACTATCAAAATTAGGAAAAATTGAAGGGGA  128
WSB206    142 TCCTATAAGGTTTGTTGAAGCAGCTAAGCGGGGAACAATTAGTAATATC  191
              *  *   *  * *    *  *    **     **** ****

WSA206    129 TCAT-TAAT-----ATGGCAAGAGAGAAGATTAAGATAAAGAAGATAGAT  172
WSB206    192 TTGTGTAATTCAGAATGGCAAGGGAGAAGATCAAGATACAGAAGATAGAT  241
              *  * ****      ********  ******** ****** ***********
```

Figura 1 Os genes *MPF2-like-A* diferenciaram-se em genes *MPF2-like-A-* e *-B*

O alinhamento ClustawlW das sequências completas do cADN dos genes *MPF2-like-A* e *MPF2-like-B* de *Withania somnifera* está representado. Os 5' e 3'-UTRs são apresentados a azul. As caixas sólidas pretas e azuis indicam os códons de início e de paragem de ambos os genes, respetivamente. A MADS-box está sublinhada com estrelas pretas; a I-box está sublinhada com estrelas verdes; a K-box está sublinhada com estrelas azuis; a região C-terminal está sublinhada com estrelas vermelhas. As caixas sólidas vermelhas destacam a deleção de 9 pares de bases e a extensão de 24 pares de bases nas regiões C-terminais do gene *MPF2-like-A*, respetivamente. Os parâmetros de alinhamento do ClustalW são apresentados no texto.

```
WSA206   173 AATATAACAGCAAGGCAAGTGACATTTTCAAAGAGGAGAAGAGGGATTTT  222
WSB206   242 AATATAACAGCAAGACAAGTGACATTTTCAAAGAGGAGAAGAGGGCTTTT  291
             ************** ****************************** ****

WSA206   223 CAAGAAAGCCGAAGAGCTTTCTGTTCTTTGTGATGCTGATGTTGCTCTTA  272
WSB206   292 CAAGAAAGCTGAAGAGCTTTCTGTTCTTTGTGATGCTGATGTTGCTATTA  341
             ********* ************************************ ***

WSA206   273 TTGTTTTCTCTGCTACTGGCAAACTCTTTGAATTTGCTAGCTCCAGCATG  322
WSB206   342 TTATTTTCTCTGCTACTGGCAAACTCTTTGAATATGCTAGCTCCAGCATG  391
             ** ****************************** ****************

WSA206   323 AAGGATATCCTTGGAAAATATAAGTTGCAGTCAGCTAACCTTGAGAAAGT  372
WSB206   392 AGGGATATCCTTGGAAAATATAAGTTGCAGTCAGCTAATCTTGAGAAAGT  441
             * ************************************ ***********

WSA206   373 TTACCAACCTTCCCTTGACTTACAGCTAGAGAATAGCCTCAACGTGAGAT  422
WSB206   442 TGACCAGCCTTCCCTTGACTTACAGCTAGAGAATAGCCTCAACATGAGAT  491
             * **** ************************************ ******

WSA206   423 TATGCAAGCAGGTAGCTGATAAAACTCGTGAGCTCAGGCAGATGAAAGGT  472
WSB206   492 TAAGCAAGCAGGTAGCTGACAAAACTCGTGAGCTAAGGCAGATGAGAGGT  541
             ** **************** ************** ********** ****

WSA206   473 GAGGAACTTGAAGGATTGAGCTTAGAAGAATTACAACAACTTGAGAAAAG  522
WSB206   542 GAGGAACTTGAAGGATTGAGTTTAGAAGAATTACAACAAATTGAGAAAAG  591
             ******************** ****************** **********

WSA206   523 ACTTGAAGCTGGATTCAACCGTGTGGTTGAGATTAAGGATAGACGAATTA  572
WSB206   592 ACTTGAAGCTGGATTCAACCGTGTGCTTGAGATTAAGGGTGCACGAATTA  641
             ************************* ************ *  ********

WSA206   573 TGGATGAAATTGCCAACCTTCAAAGAAAGGGTGCTGAGCTGATGGAAGAA  622
WSB206   642 TGGATGAAATTACCAAACTTCAAAGAAAGGGTGCTGAGCTGATGGAAGAA  691
             *********** **** *********************************

WSA206   623 AACAAACAATTGAAAGAGAAAATGGAAATGACGAAGGTAGGGAAGTTGCC  672
WSB206   692 AAAAAACAATTGAACCAGAAAATGGAAATGTTGAAGGAAGGAAAGTTGCC  741
             ** ***********  **************  ***** *** ********

WSA206   673 CTTACTAACAGACATGG---------TGATGGAAGAGGGACAATCATCGG  713
WSB206   742 CTTAGTAATAGACATGGATTGCATGGTGATGGAAGAAGGCCAATCATCTG  791
             **** *** ********         ********** ** ******** *

WSA206   714 ACTCTATAATTACCACCAATAATATCTGCAGTAGTAATAGTGGTCCTCCT  763
WSB206   792 AGTCTATAATTACCACAAATAATGTCTGCAGTAGTAATAGTGGTCCTCCT  841
             * ************** ****** **************************

WSA206   764 CCTGAAGATGATTGCTCAAATGTTTCTTTAAAGTTAGGTTATAACAATGG  813
WSB206   842 CCTGAAGATGATTGCTCAAATGCTTCTTTGAAGCTAGGTTGTAACAATGG  891
             ********************** ****** *** ****** *********

WSA206   814 TCCTGCAGCAGTGGATGATGATTGCTCAATTACATCTTTGACGTTAGGGC  863
WSB206   892 TCCTGCAGCTGTGGAGGATGATAGCTCAATTACATCTTTGAAATTAGGGT  941
             ********* ***** ****** ******************  ****** 
```

```
WSA206    864 AAGGCTACCACTCAGCTAGCAAGGGAAGATTGTACTAATAACTTTTGGAT  913
WSB206    942 -----TATCATTCAGCTAACTA------ACTCAATGAAGGAAGCTTTTGT  980
                   ** ** ******** * *      * *  *  **  *   **   *

WSA206    914 GGAGACACAACTTACATGTAACTGTCAGTAGAATATAATTGTCATCACTT  963
WSB206    981 TGAAGAATAATTT---------TGGGATGAAGAAATAATTATCAGTGCTT 1021
               **   * ** **         **  *  *  * ****** ***   ***

WSA206    964 GTACTATGTATTATTATGTATGGTGGAGACAACTTGAGAAATGACATAAT 1013
WSB206   1022 GTACTATGTATTAT---GTATGCATGGGACAACCTAAGAAAGGGAAAAAT 1068
              **************   *****   * ****** * ***** *  * ***

WSA206   1014 CC-------TCATGAGT-TCAATTCGTGTACT-----------AATGTGG 1044
WSB206   1069 TCAAATTAATCAAGAGTCTCATTTTGGGTCTTTGGCAATCTACAGTGTAA 1118
               *        *** **** *** ** * ** *            * ***

WSA206   1045 --------------------------TGTTTTTTGTATTTTTGATATGT 1067
WSB206   1119 CTTATAAGTCTACATGACTTTGATAGTTATTCTCAAAATCTTGTATATGT 1168
                                        * ** *    ** **  ******

WSA206   1068 ATT------TAATGTGGTGTCACCAA----------TTAGAAAAAAAAAA 1101
WSB206   1169 ATTATAAACTTATGGAATATTATTAAATTGATACAGTTAAAAAAAAAAAA 1218
              ***      * ***    * * *  **          *** **********

WSA206   1102 AAAAAA     1107
WSB206   1219 AAAAAAAAAA 1228
```

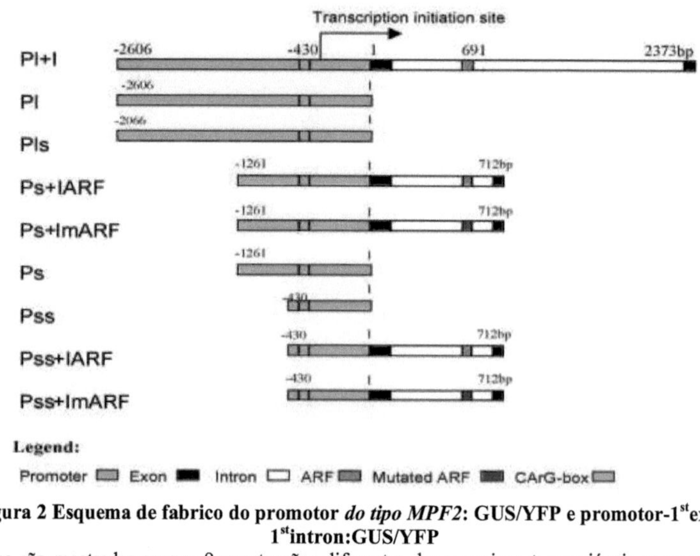

Figura 2 Esquema de fabrico do promotor *do tipo MPF2*: GUS/YFP e promotor-1[st]exon-1[st]intron:GUS/YFP

No esquema são mostradas apenas 9 construções diferentes de comprimentos variáveis correspondentes ao gene *WSA206*. O mesmo esquema aplica-se ao *WSB206*, *TAB201* e *MPF2*, exceto duas construções em falta no caso do *MPF2* (Pl e Pls). Para o *V001*, foram concebidas cinco construções (Pl+I, Pl e Pls). Os números indicam as posições a montante e a jusante dos *cis-elementos*, bem como o comprimento dos promotores e dos intrões em pares de bases. A legenda também é apresentada. Para mais pormenores, ver a Tabela 3.5 na parte Resultados.P = promotor; l = longo; I = 1[st]exão-1[st]intrão; s = curto; ss = muito curto; m = mutado, 1 = primeira base de ATG.

Quadros suplementares

Tabela S1: Alguns dos primers oligonucleotídicos importantes utilizados no estudo

3' RACE genes *MPF2-like*:

K003-F 5'-ATGGCAAGAGAGAAGATTAAGATAAAGAAGA-3'

K004-R 5' -GACCACGCGTATCGATGTCGAC-3'

3' RACE genes *MPF1-like*:

K001-F 5'-ATGGTGAGACAAAAATCCAGATCAAGAAGATAGC-3'

K002-R 5' -GACCACGCGTATCGATGTCGAC-3'

Isolamento de loci genómicos para *WSA206*:

K042-F 5' -TTCTTATTCTCTCTCTCTCCTTCTTCAATACCA-3'

K043-R 5'-GTACACGAATTGAACTCATGAAGGATTATGT-3'

Isolamento de loci genómicos para o *WSB206*:

K044-F 5'-CGATAGTAGCTCTTTCAATTCTCTCTCTCTCTCTCT-3'

K045-R 5' -CTGTAGATTGCCAAAGACCCAAATGAGAC-3'

Isolamento de loci genómicos para *TAB201*:

K046-F 5' -AGTTCCAAGGACAAGAAAGTGAACAGTGCTGATT-3'

K047-R 5'-GAGAATAATTATCAAAGTCACGTGAACTC-3'

5' RACE e isolamento do promotor de genes *do tipo MPF2*:

K022-R 5'-CAGAAAGCTCTTCAGCTTTCTTAAAAAGCC-3'

K023-R 5' -CTCTTCTCCTCTTTGAAATGTCACTTGTC-3'

K024-R 5'-CAGCATCACAGAAACAGATAGCTCTTCAGC-3'

RT-PCR da expressão do gene *MPF2-like-A* (*WSA206*):

K031-F 5'-TCAGGCAGATGAAAGGTGAGG-3'

K032-R 5'-GACCTTCTTCCATCACCATGCAATCC-3'

RT-PCR da expressão do gene *MPF2-like-B* (*WSB206* e *TAB201*):

K033-F 5'-CGATGATTGTCCCTCTTCCATCACC-3'

K034-R 5-GACCTTCTTCCATCACCATGCAATCC-3'

18S rDNA

Ji221-F 5'-AAAGGAATTGACGGAAGGGCA-3'

Ji222-R 5'-AGCTAGTAGCAGGCTGAGGT-3'

RT-PCR de linhas transgénicas de Arabidopsis com sobre-expressão de genes *MPF2-like*:

K003-F 5'-ATGGCAAGAGAGAAGATTAAGATAAAGAAGA-3'

K027-R 5'-CATCTTCAGGAGGAGGACCACTATTAC-3'

Isolamento do marcador de cloroplasto *atpB*:

Ji101-F 5'-GTTTACGGTCAGATGAATG-3'

Ji012-R 5'-CATTCATCTGACCGTATTA-3'

Isolamento do marcador de cloroplasto *matK*:

Ji013-F 5'-CTATATCCACTTATCTTTCAGGAG-3'

Ji014-R 5'-GGAACAAGGGTATCGAACTTCTTAA-3'

Sonda do gene *MPF2-like-A* (*WSA206*) para hibridação Southern:

K122-F 5'-GCCCTTAACTAACAGACATGGTGATG-3'

K123-R 5'-GTCTCCATCCAAAAGTTATTAGTACAATC-3'

Sonda do gene *MPF2-like-B* (*WSB206*) para hibridação Southern:

K124-F 5'-CCTTAGTAATAGACATGGATTGCATGGTG-3'

K125-R 5'-CTTCAACAAAGCTTCCTTCATTGAGTTAG-3'

Construções do gene *WSA206* para o híbrido de 2 leveduras e sobre-expressão em Arabidopsis:

RK64-F 5'-GCTCCATGGCAAGAGAGAAGATTAAGATAAA-3'

K187-R 5'-GCTGGATCCAGTACAATCTTCCCTTGCTAGC-3'

Construções do gene *WSB206* para o híbrido de 2 leveduras e sobre-expressão em Arabidopsis:

RK65-F 5'-GCTCCATGGCAAGGGAGAAGATCAAGATACA-3'

K188-R 5'-GCTGGATCCAGTACAATCTTCCCTTGCTAGC-3'

Construções do gene *TAB201* para o híbrido de 2 leveduras e sobre-expressão em Arabidopsis:

RK66-F 5'-GCTCCATGGCAAGAGAGAAGATCAAGATAAA-3'

K189-R 5'-GCTGGATCCGCTGAATGATAGCCCTAATTTC-3'

Isolamento de genes *do tipo MAGO NASHI* de Withania:

K263-F 5'-GTCCCATGGGGGAATTGGAAGAGAATGGGAAT-3'

K265-R 5'-GTCGGATCCTTAAATGGGTTTGATCTTGAAATGGAG-3'

Isolamento de genes *do tipo MAGO NASHI* de Tubocapsicum:

K264-F 5'-GTCCCATGGATGGGGGGGAGATGGCAGAGAACGAGGA-3'

KK265-R 5'-GTCGGATCCTTAAATGGGTTTGATCTTGAAATGGAG- 3'

Sobre-expressão de construções *35S:WSA206:YFP* em Arabidopsis:

K181-F 5'-GGGGGGACAAGTTTGTACAAAAAAGCAGGCTATGGCAAGAGAG AAGAATTAAGATAA-3'

K184-R 5'-GGGGACCACTTTGTACAAGAAAGCTGGGTCGTACAATCTT CCCTTGCTAGCTGA-3'

Sobre-expressão de construções *35S:WSB206:YFP* em Arabidopsis:

K182-F 5'-GGGGGGACAAGTTTGTACAAAAAAGCAGGCTATGGCAAGGG GATCAAGATACAGAA-3'

K185-R 5'-GGGGGGACCACTTTGTACAAGAAAGCTGGGTCGCTGAATGAT AACCCTAATTTCAA-3'

Sobre-expressão de construções *35S:TAB201:YFP* em Arabidopsis:

K183-F 5'-GGGGGGACAAGTTTGTACAAAAAAGCAGGCTATGGCAAGAGAG AGAAAGATCAAGATAA-3'

K186-R 5'-GGGGGGACCACTTTGTACAAGAAAGCTGGGTCGCTGAATGAT AGCCCTAATTTCAA-3'

Os primers obtidos a partir de diferentes kits não foram mencionados nesta tabela. Para além disso, os primers utilizados no fabrico de GUS, YFP e construções de leveduras e seus derivados também não foram listados. As informações pormenorizadas sobre as sequências dos iniciadores e as condições de PCR foram depositadas no grupo Saedler/Munster, MPIZ.

Agradecimentos

Dr. Heinz Saedler, que não só me deu este interessante tópico sobre evolução funcional, como também me apoiou ao longo da minha tese com a sua paciência e conhecimento, ao mesmo tempo que me deu espaço para trabalhar à minha maneira no Max Planck Institute for Breeding Research, Colónia, Alemanha.
Dr. Wolfgang Werr por ter actuado como co-árbitro na avaliação da minha tese.
Dr. Ulf-Ingo Flügge por presidir à sessão e ao Dr. Gregor Schmitz por redigir os protocolos durante a defesa da tese.
O meu agradecimento ao Dr. Thomas Münster por me ter dado a oportunidade de trabalhar no seu laboratório. Atribuo o nível do meu doutoramento ao seu incentivo e esforço e, sem ele, esta tese também não teria sido concluída ou escrita. Não se poderia desejar um líder de grupo melhor ou mais amigável.
Dr. Chaoying He, líder do co-grupo, pela sua ajuda nas experiências laboratoriais, comentários valiosos, sugestões hábeis, grande interesse e críticas construtivas que ajudaram muito a melhorar a qualidade do trabalho.
A realização deste estudo deve-se à ideia, ao trabalho de colaboração, à ajuda generosa e à orientação do Dr. Jinyong Hu.
Nos vários laboratórios, os meus colegas Britta Grosardt e Wolfram Faigl ajudaram-me durante muitos anos a utilizar o equipamento e a aprender técnicas úteis. Wolfram Faigl deu-me muitos conselhos e ideias ao longo do meu trabalho no laboratório.
Fui sempre abençoado com a assistência amigável do Dr. Elmon Schmelzer em Microscopia Confocal de Varrimento a Laser. A sua paciência contínua e a sua atenção infalível enriqueceram este manuscrito com belas imagens. Os esforços do Dr. Peter Huijser na microscopia normal e na fotografia são devidamente reconhecidos.
No meu trabalho diário, fui abençoado com um grupo de colegas amigáveis e alegres. Agradeço à Simone Riss não só pelo trabalho de colaboração, mas também pelas discussões úteis sobre uma variedade de tópicos, incluindo o tema de investigação. Michiel Kwantes manteve-me atento às minhas perguntas teóricas, deu boas sugestões e ajudou no trabalho de laboratório. Daniela Liebsch forneceu bons argumentos e sugestões construtivas, particularmente na redação deste manuscrito, e certificou-se frequentemente de que nenhum de nós passava fome ou sede.
Encontrei sempre os meus colegas mais velhos, Dr. Wim Verelst e Dr. Oliver Zobell, dispostos a ajudar-me. Estou também grato a outros colegas do departamento e do MPIZ pelas discussões e ajuda úteis.
Os meus agradecimentos ao Dr. Richard G.H. Immink, Plant Research International Bioscience, Plant Developmental Systems (PDS), Wageningen, Países Baixos, por me ter fornecido as construções de levedura e ao Dr. Michael Goodin, Department of Plant Pathology, University of Kentucky, Lexington USA, por me ter fornecido as construções de vetor RFP e YFP.
As equipas ADIS e SUSAN são reconhecidas pelos seus serviços profissionais.
Estou grato aos meus amigos, Dr. Ali Ahmad Naz, Muhammad Ilyas, Muhammad Usman, Sajid Hussain, Abid Mehmood Alvi, Muhammad Hasnain Raza e Dr. Abdul Wakeel pela sua ajuda, comportamento amigável e companhia alegre ao longo dos meus estudos.
Como posso ignorar a expressão do meu apreço e do meu profundo sentimento de gratidão, da cidadela do meu coração, para com os meus queridos pais, já falecidos, que se lembram de mim nas suas orações e me permitiram completar os meus estudos durante muito tempo, quando vivo. A minha inefável dívida é devida à minha mulher Ruqia, aos meus filhos Ayesha, Aida e à pequena Minnu por me permitirem passar mais tempo no laboratório do que em casa.
Por último, mas não menos importante, agradeço à Comissão de Ensino Superior (HEC) do Paquistão, ao Serviço Alemão de Intercâmbio Académico (DAAD) e à Sociedade Max Planck por disponibilizarem fundos.
Finalmente, sinto-me muito grato a Christiane Wojtera, que sempre encontrei pronta para resolver muitos problemas para além do trabalho de laboratório necessário para uma estadia tranquila da minha família aqui em Colónia. Alemanha.

Erklärung Eidesstattliche

Ich versichere, dass ich die von mir vorgelegte Dissertation selbstständig angefertigt, die benutzten Quellen und Hilfsmittel vollständig angegeben und die Stellen der Arbeit - einschließlich Tabellen, Karten und Abbildungen -, die anderen Werken im Wortlaut oder dem Sinn nach entnommen sind, in jedem Einzelfall als Entlehnung kenntlich gemacht habe; dass diese Dissertation noch keiner anderen Fakultät oder Universität zur Prüfung vorgelegen hat; dass sie noch nicht veröffentlicht worden ist sowie, dass ich eine solche Veröffentlichung vor Abschluss des Promotionsverfahrens nicht vornehmen werde. As condições gerais do regulamento relativo às promoções são conhecidas por mim. A dissertação encomendada por mim foi aprovada pelo Prof. Dr. Heinz Saedler.

Lebenlauf

Nome	Muhammad Ramzan Khan
Endereço	Kolibriweg 14, 50829, Colónia
Data de nascimento	1. novembro de 1975
Nacionalidade	Paquistão

Estudos

1994-1997	Estudante de Biologia na Universidade do Punjab, Paquistão
1998-1999	Diplomarbeit an der Quaid-i-Azam Universität, Islamabad, Pakistan, Abteilung "Biological Sciences "
1999-2001	M. Phil an der Quaid-i-Azam Universität, Islamabad, Pakistan Abteilung Biochemie/Molekulare Biologie, Tema: Transformação genética de canola (*Brassica napus* L.) por *Agrobacterium tumefaciens*
2001-2005	Responsável científico do "Institute of Agricultual Biotechnology and Genetic Resources", NACR, PARC, Paquistão. Tema: Biotecnia das plantas: Raps, oliveiras, reis, bananas, cartuchos e zuckerrohr
desde abril de 2005	Trabalho de doutoramento no Max-Planck-Institut für Züchtungsforschung em Colónia no Departamento de Pflanzengenetik Molekulare (Prof. Dr. H. Saedler) Tema: Evolução molecular da síndrome do cálice inflado (ICS) em Withania (Solanaceae)

Colónia, 4. dezembro de 2008
Muhammad Ramzan Khan

MIX
Papier aus verantwortungsvollen Quellen
Paper from responsible sources
FSC® C105338

Printed by Books on Demand GmbH, Norderstedt / Germany